▶5，6 章の学習記録表は次のページにあります。

章・節	項目	学習日 月／日	問題番号＆チェック	メモ	検印
3章2節	1	／	**61　62　63　64　65　66**		
	2	／	**67　68　69**		
	3	／	**70　71**		
	ステップアップ	／	練習 **15**		
3章3節	1	／	**72　73　74　75**		
	2	／	**76　77　78　79**		
	3	／	**80　81　82　83**		
	ステップアップ	／	練習 **16　17**		
4章1節	1	／	**84　85　86　87**		
	2	／	**88**		
	3	／	**89　90　91　92**		
	4	／	**93**		
	5	／	**94　95　96**		
	6		**97　98　99**		
	ステップアップ		練習 **18　19**		
4章2節	1	／	**100　101　102　103**		
	2	／	**104　105**		
	3	／	**106**		
	4	／	**107　108**		
	ステップアップ	／	練習 **20　21**		

学習記録表の使い方

- 「学習日」の欄には，学習した日付を記入しましょう。
- 「問題番号＆チェック」の欄には，以下の基準を参考に，問題番号に○，△，×をつけましょう。
  - ○：正解した，理解できた
  - △：正解したが自信がない
  - ×：間違えた，よくわからなかった
- 「メモ」の欄には，間違えたところや疑問に思ったことなどを書いておきましょう。復習のときは，ここに書いたことに気をつけながら学習しましょう。
- 「検印」の欄は，先生の検印欄としてご利用いただけます。

章・節	項目	学習日 月／日	問題番号＆チェック	メモ	検印
5章1節	1	／	109　110　111		
	2	／	112　113		
	3	／	114　115　116　117		
	4	／	118　119　120　121		
	ステップアップ	／	練習 22　23		
5章2節	1	／	122　123　124　125 126		
	2	／	127　128　129　130		
	3	／	131　132　133　134		
	4	／	135　136		
	ステップアップ	／	練習 24　25		
6章1節	1	／	137　138		
	2	／	139　140　141　142 143		
	3	／	144　145　146		
6章2節	1	／	147　148　149　150		
	2	／	151　152		
	3		153　154		
	ステップアップ	／	練習 26　27		
6章3節	1	／	155　156　157		
	2	／	158　159　160　161 162　163		
	3	／	164　165　166　167 168		
	ステップアップ	／	練習 28　29　30　31		

○：正解した，理解できた　　△：正解したが自信がない　　×：間違えた，よくわからなかった

もくじ —— contents

問題総数　568題

例 145題，基本問題 218題，標準問題 118題，
考えてみよう 25題，例題 31題，練習 31題

この問題集で学習するみなさんへ

本書は，教科書「新編数学Ⅱ」に内容や配列を合わせてつくられた問題集です。教科書の完全な理解と，技能の定着をはかることをねらいとし，基本事項から段階的に学習を進められる展開にしました。また，類似問題の反復練習によって，着実に内容を理解できるようにしました。

学習項目は，教科書の配列をもとに内容を細かく分けています。また，各項目の構成要素は以下の通りです。

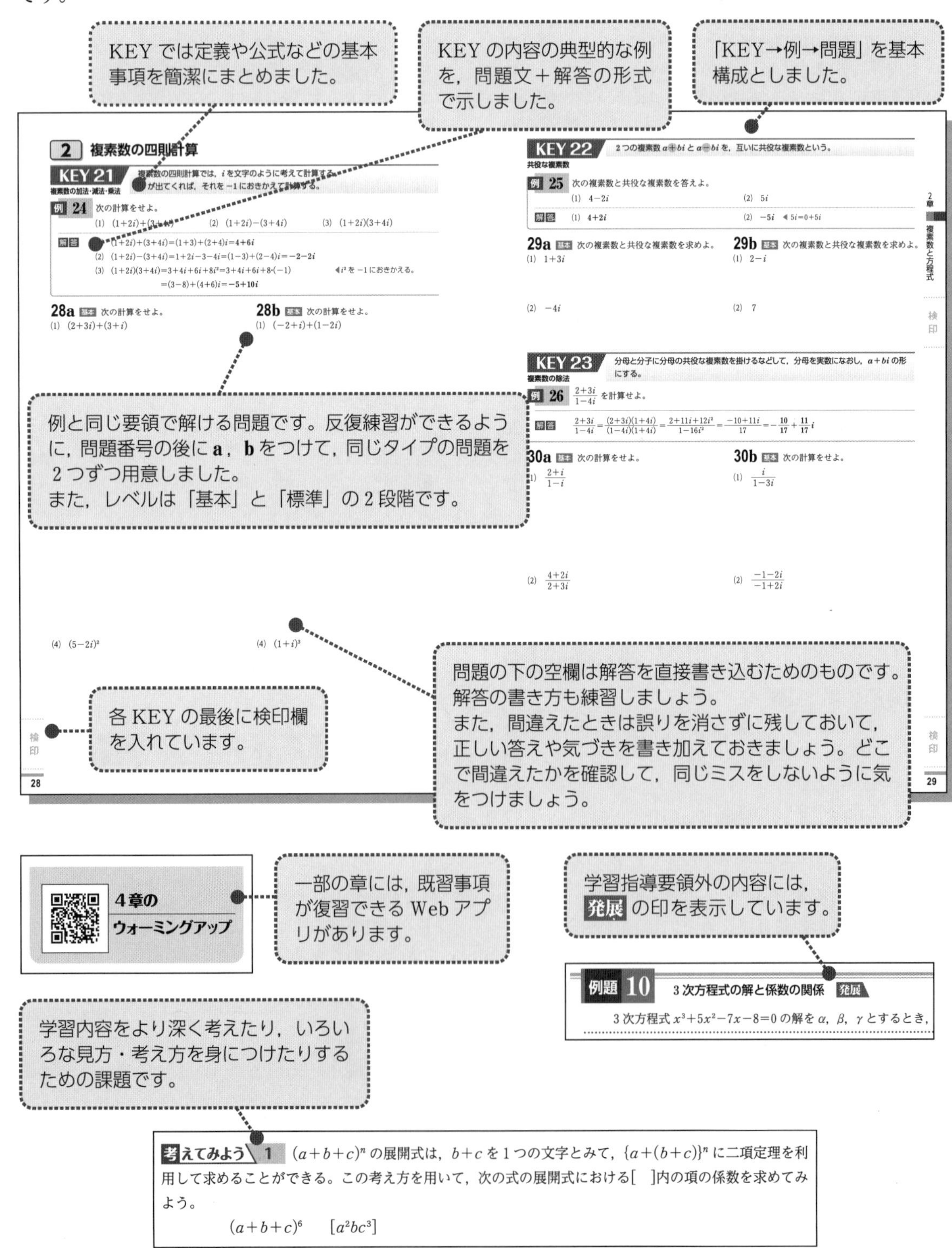

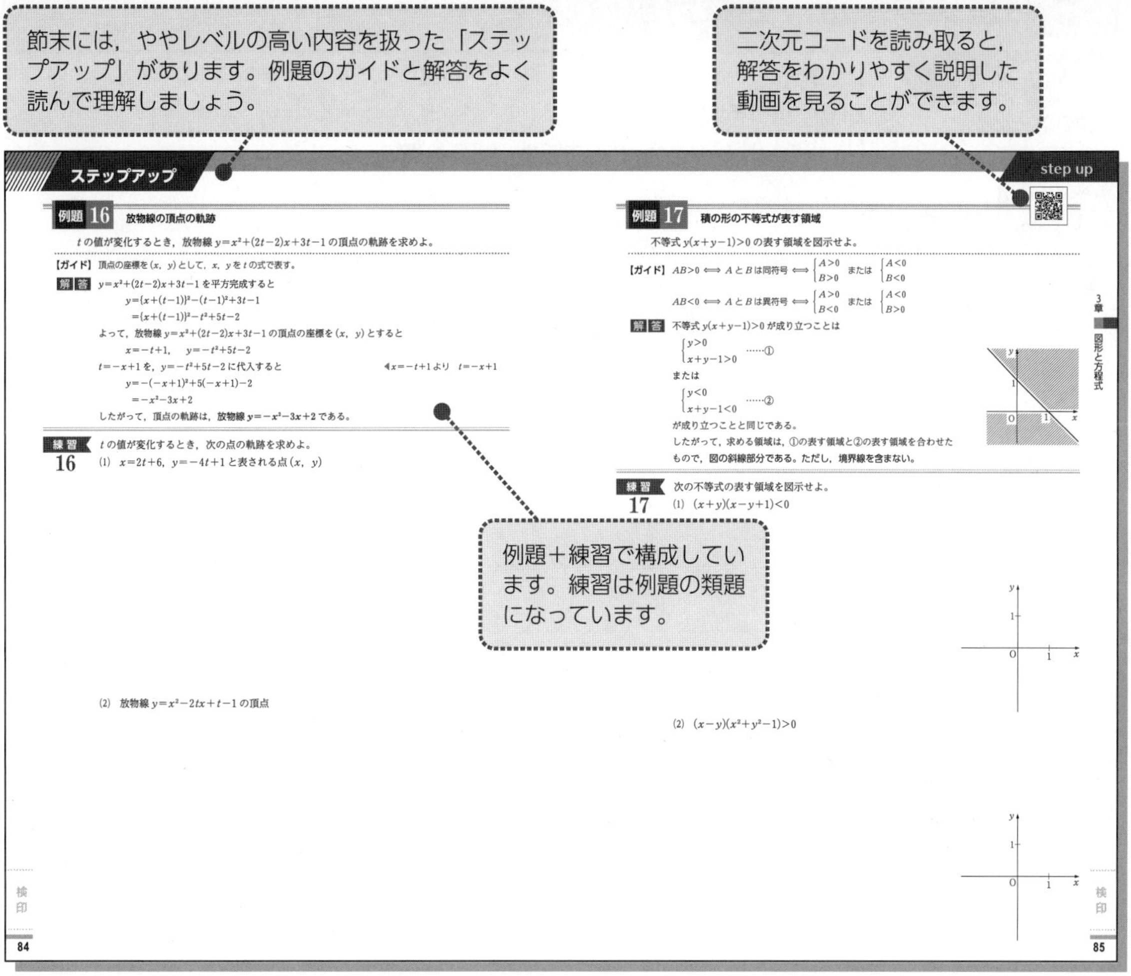

節末には，ややレベルの高い内容を扱った「ステップアップ」があります。例題のガイドと解答をよく読んで理解しましょう。

二次元コードを読み取ると，解答をわかりやすく説明した動画を見ることができます。

ステップアップ

例題 16　放物線の頂点の軌跡

t の値が変化するとき，放物線 $y=x^2+(2t-2)x+3t-1$ の頂点の軌跡を求めよ。

【ガイド】 頂点の座標を $(x,\ y)$ として，x，y を t の式で表す。

解答 $y=x^2+(2t-2)x+3t-1$ を平方完成すると

$$y=\{x+(t-1)\}^2-(t-1)^2+3t-1$$
$$=\{x+(t-1)\}^2-t^2+5t-2$$

よって，放物線 $y=x^2+(2t-2)x+3t-1$ の頂点の座標を $(x,\ y)$ とすると

$$x=-t+1,\quad y=-t^2+5t-2$$

$t=-x+1$ を，$y=-t^2+5t-2$ に代入すると　◀$x=-t+1$ より　$t=-x+1$

$$y=-(-x+1)^2+5(-x+1)-2$$
$$=-x^2-3x+2$$

したがって，頂点の軌跡は，放物線 $y=-x^2-3x+2$ である。

練習 16　t の値が変化するとき，次の点の軌跡を求めよ。

(1)　$x=2t+6$，$y=-4t+1$ と表される点 $(x,\ y)$

(2)　放物線 $y=x^2-2tx+t-1$ の頂点

検印

84

step up

例題 17　積の形の不等式が表す領域

不等式 $y(x+y-1)>0$ の表す領域を図示せよ。

【ガイド】 $AB>0 \iff A$ と B は同符号 $\iff \begin{cases}A>0\\B>0\end{cases}$ または $\begin{cases}A<0\\B<0\end{cases}$

$AB<0 \iff A$ と B は異符号 $\iff \begin{cases}A>0\\B<0\end{cases}$ または $\begin{cases}A<0\\B>0\end{cases}$

解答 不等式 $y(x+y-1)>0$ が成り立つことは

$\begin{cases}y>0\\x+y-1>0\end{cases}$ ……①

または

$\begin{cases}y<0\\x+y-1<0\end{cases}$ ……②

が成り立つことと同じである。

したがって，求める領域は，①の表す領域と②の表す領域を合わせたもので，図の斜線部分である。ただし，境界線を含まない。

練習 17　次の不等式の表す領域を図示せよ。

(1)　$(x+y)(x-y+1)<0$

(2)　$(x-y)(x^2+y^2-1)>0$

3章　図形と方程式

検印

85

例題＋練習で構成しています。練習は例題の類題になっています。

巻末には略解があるので，自分で答え合わせができます。詳しい解答は別冊で扱っています。

また，巻頭にある「学習記録表」に学習の結果を記録して，見直しのときに利用しましょう。間違えたところや苦手なところを重点的に学習すれば，効率よく弱点を補うことができます。

◆学習支援サイト「プラスウェブ」のご案内

本書に掲載した二次元コードのコンテンツをパソコンで見る場合は，以下のURLからアクセスできます。

https://dg-w.jp/b/e130001

注意　コンテンツの利用に際しては，一般に，通信料が発生します。

1 整式の乗法，因数分解

KEY 1
2次の乗法公式

① $(a+b)^2=a^2+2ab+b^2$　② $(a-b)^2=a^2-2ab+b^2$
③ $(a+b)(a-b)=a^2-b^2$　④ $(x+a)(x+b)=x^2+(a+b)x+ab$
⑤ $(ax+b)(cx+d)=acx^2+(ad+bc)x+bd$

例 1 (1) $(x+5)(x-5)$ を展開せよ。　(2) $3x^2+x-2$ を因数分解せよ。

解答 (1) $(x+5)(x-5)=x^2-5^2=\boldsymbol{x^2-25}$

(2) $3x^2+x-2=\boldsymbol{(x+1)(3x-2)}$

$$\begin{array}{ccccc} 1 & \times & 1 & \longrightarrow & 3 \\ 3 & & -2 & \longrightarrow & -2 \\ \hline & & & & 1 \end{array}$$

1a 基本 次の式を展開せよ。

(1) $(x-3)^2$

(2) $(a+4)(a-7)$

1b 基本 次の式を展開せよ。

(1) $(3a+1)(3a-1)$

(2) $(3x+y)(x-2y)$

2a 基本 次の式を因数分解せよ。

(1) $25x^2+20x+4$

(2) $4x^2+x-3$

2b 基本 次の式を因数分解せよ。

(1) $16x^2-9y^2$

(2) $4a^2-4ab-15b^2$

検印

KEY 2 3次の乗法公式

⑥ $(a+b)^3=a^3+3a^2b+3ab^2+b^3$　⑦ $(a-b)^3=a^3-3a^2b+3ab^2-b^3$

⑧ $(a+b)(a^2-ab+b^2)=a^3+b^3$　⑨ $(a-b)(a^2+ab+b^2)=a^3-b^3$

例 2 (1) $(3x+2)^3$ を展開せよ。　(2) $(x-1)(x^2+x+1)$ を展開せよ。

(3) $64x^3+27y^3$ を因数分解せよ。

解答 (1) $(3x+2)^3=(3x)^3+3\cdot(3x)^2\cdot2+3\cdot3x\cdot2^2+2^3=\boldsymbol{27x^3+54x^2+36x+8}$

(2) $(x-1)(x^2+x+1)=(x-1)(x^2+x\cdot1+1^2)=x^3-1^3=\boldsymbol{x^3-1}$

(3) $64x^3+27y^3=(4x)^3+(3y)^3=(4x+3y)\{(4x)^2-4x\cdot3y+(3y)^2\}$

$=\boldsymbol{(4x+3y)(16x^2-12xy+9y^2)}$

3a 基本 次の式を展開せよ。

(1) $(x-4)^3$

(2) $(x+3y)^3$

(3) $(2x+5)(4x^2-10x+25)$

3b 基本 次の式を展開せよ。

(1) $(2x+1)^3$

(2) $(3x-2y)^3$

(3) $(6a-1)(36a^2+6a+1)$

4a 基本 次の式を因数分解せよ。

(1) x^3+27y^3

(2) x^3-8

4b 基本 次の式を因数分解せよ。

(1) $27x^3+8y^3$

(2) $64x^3-y^3$

検印

2 二項定理

KEY 3 $(a+b)^n={}_n\mathrm{C}_0a^n+{}_n\mathrm{C}_1a^{n-1}b+{}_n\mathrm{C}_2a^{n-2}b^2+\cdots\cdots+{}_n\mathrm{C}_ra^{n-r}b^r+\cdots\cdots+{}_n\mathrm{C}_{n-1}ab^{n-1}+{}_n\mathrm{C}_nb^n$

二項定理

例 3 二項定理を利用して，次の式を展開せよ。

(1) $(x+3)^4$　　(2) $(2a-b)^5$

解答 (1) $(x+3)^4={}_4\mathrm{C}_0x^4+{}_4\mathrm{C}_1x^3\cdot3+{}_4\mathrm{C}_2x^2\cdot3^2+{}_4\mathrm{C}_3x\cdot3^3+{}_4\mathrm{C}_43^4=\boldsymbol{x^4+12x^3+54x^2+108x+81}$

(2) $(2a-b)^5={}_5\mathrm{C}_0(2a)^5+{}_5\mathrm{C}_1(2a)^4\cdot(-b)+{}_5\mathrm{C}_2(2a)^3\cdot(-b)^2+{}_5\mathrm{C}_3(2a)^2\cdot(-b)^3+{}_5\mathrm{C}_4\cdot2a\cdot(-b)^4+{}_5\mathrm{C}_5(-b)^5$

$=32a^5+5\cdot16a^4\cdot(-b)+10\cdot8a^3\cdot b^2+10\cdot4a^2\cdot(-b^3)+5\cdot2a\cdot b^4-b^5$

$=\boldsymbol{32a^5-80a^4b+80a^3b^2-40a^2b^3+10ab^4-b^5}$

5a 基本 二項定理を利用して，次の式を展開せよ。

(1) $(x-1)^4$

(2) $(a+2b)^5$

5b 基本 二項定理を利用して，次の式を展開せよ。

(1) $(2x+3)^4$

(2) $(3a-b)^5$

検印

KEY 4　$(a+b)^n$ の展開式の一般項 ${}_n\mathrm{C}_r a^{n-r} b^r$ と与えられた項を比べ，r の値を定める。

特定の項の係数

例 4　$(a-3b)^4$ の展開式における a^2b^2 の係数を求めよ。

解答　$(a-3b)^4$ の展開式の一般項は

$${}_4\mathrm{C}_r a^{4-r}(-3b)^r = {}_4\mathrm{C}_r a^{4-r} \times (-3)^r b^r = {}_4\mathrm{C}_r \times (-3)^r \times a^{4-r} b^r$$

ここで，$a^{4-r}b^r$ が a^2b^2 となるのは，$r=2$ のときである。

よって，a^2b^2 の係数は，$r=2$ を ${}_4\mathrm{C}_r \times (-3)^r$ に代入して　${}_4\mathrm{C}_2 \times (-3)^2 = 6 \times 9 = \mathbf{54}$

6a 標準　次の式の展開式において，[　]内の項の係数を求めよ。

(1)　$(a+3b)^5$　　$[a^2b^3]$

(2)　$(3x+1)^6$　　$[x^2]$

6b 標準　次の式の展開式において，[　]内の項の係数を求めよ。

(1)　$(x-y)^6$　　$[x^3y^3]$

(2)　$(2a-3)^7$　　$[a^5]$

考えてみよう 1　$(a+b+c)^n$ の展開式は，$b+c$ を1つの文字とみて，$\{a+(b+c)\}^n$ に二項定理を利用して求めることができる。この考え方を用いて，次の式の展開式における[　]内の項の係数を求めてみよう。

$(a+b+c)^6$　　$[a^2bc^3]$

検印

3 整式の除法

KEY 5
整式の除法

整式 A を整式 B で割った商を Q，余りを R とすると

$A=BQ+R$　　ただし　(Rの次数)＜(Bの次数)

整式 A を整式 B で割るときは，次のことに注意する。

① A，B を降べきの順に整理してから，割り算を行う。

② 割られる式の最高次の項が消えるように商をたてる。

③ 余りの次数が B の次数より低くなるまで計算を続ける。

例 5 次の整式 A を整式 B で割り，商と余りを求めよ。

(1)　$A=2x^2+5x+2$，$B=x+1$　　(2)　$A=2x^3+x^2+3$，$B=x^2-2x+2$

解答 (1)

$$
\begin{array}{r}
2x+3 \\
x+1 \overline{) 2x^2+5x+2} \\
\underline{2x^2+2x} \\
3x+2 \\
\underline{3x+3} \\
-1
\end{array}
$$

◀ x^2 の項を消すために，$(x+1)\times 2x$ を引く。

◀ x の項を消すために，$(x+1)\times 3$ を引く。

答 **商 $2x+3$，余り -1**

(2)

$$
\begin{array}{r}
2x+5 \\
x^2-2x+2 \overline{) 2x^3+x^2+3} \\
\underline{2x^3-4x^2+4x} \\
5x^2-4x+3 \\
\underline{5x^2-10x+10} \\
6x-7
\end{array}
$$

◀ある次数の項がないときは，その項の場所をあけておく。

答 **商 $2x+5$，余り $6x-7$**

7a 基本　次の整式 A を整式 B で割り，商と余りを求めよ。

$A=2x^2+13x+6$，$B=x+6$

7b 基本　次の整式 A を整式 B で割り，商と余りを求めよ。

$A=x^3+x^2-x-1$，$B=x-2$

8a 標準 次の整式 A を整式 B で割り，商と余りを求めよ。

(1) $A=3x^3-7x+1$，$B=x^2+2x-1$

(2) $A=x^3-5x-2$，$B=x-3$

8b 標準 次の整式 A を整式 B で割り，商と余りを求めよ。

(1) $A=2x^3-x^2+5$，$B=x^2-3x+2$

(2) $A=x^3+2x^2-x-1$，$B=x^2-2$

考えてみよう 2 x の整式 A を x^2+4x-1 で割ると，商が $x-4$，余りが $14x-2$ である。このとき，整式 A を求めてみよう。

検印

4 分数式の約分と乗法・除法

KEY 6 分数式の約分

$$\frac{C\times A}{C\times B}=\frac{A}{B}$$ ◀Cで約分

例 6 次の分数式を約分せよ。

(1) $\dfrac{6x^2y}{3xy^3}$　　(2) $\dfrac{x^2-3x+2}{x^2-1}$

解答 (1) $\dfrac{6x^2y}{3xy^3}=\dfrac{3xy\times 2x}{3xy\times y^2}=\dfrac{\boldsymbol{2x}}{\boldsymbol{y^2}}$

(2) $\dfrac{x^2-3x+2}{x^2-1}=\dfrac{(x-1)(x-2)}{(x-1)(x+1)}=\dfrac{\boldsymbol{x-2}}{\boldsymbol{x+1}}$

9a 基本 次の分数式を約分せよ。

(1) $\dfrac{4x^3}{2x}$

(2) $\dfrac{6x^3y}{8x^2y^2}$

(3) $\dfrac{x^2-2x-3}{x-3}$

(4) $\dfrac{3x^2-2x-1}{x^2-1}$

9b 基本 次の分数式を約分せよ。

(1) $\dfrac{15a^2}{3a}$

(2) $\dfrac{12axy^2}{4a^3xy}$

(3) $\dfrac{x^2-5x+6}{x-2}$

(4) $\dfrac{2x^2-5x+2}{x^2-2x}$

検印

KEY 7 分数式の乗法・除法

$$\frac{A}{B}\times\frac{C}{D}=\frac{AC}{BD} \qquad \frac{A}{B}\div\frac{C}{D}=\frac{A}{B}\times\frac{D}{C}=\frac{AD}{BC}$$

例 7 次の計算をせよ。

(1) $\dfrac{3x}{2y}\times\dfrac{4y}{3x^2}$　　(2) $\dfrac{x+2}{x-2}\div\dfrac{x^2+x-2}{x^2-2x}$

解答 (1) $\dfrac{3x}{2y}\times\dfrac{4y}{3x^2}=\dfrac{3x\times4y}{2y\times3x^2}=\dfrac{12xy}{6x^2y}=\dfrac{6xy\times2}{6xy\times x}=\boldsymbol{\dfrac{2}{x}}$

(2) $\dfrac{x+2}{x-2}\div\dfrac{x^2+x-2}{x^2-2x}=\dfrac{x+2}{x-2}\times\dfrac{x^2-2x}{x^2+x-2}=\dfrac{(x+2)\times x(x-2)}{(x-2)\times(x+2)(x-1)}=\boldsymbol{\dfrac{x}{x-1}}$

10a 基本 次の計算をせよ。

(1) $\dfrac{9y}{8x^2}\times\dfrac{2x}{3y^2}$

(2) $\dfrac{x^2-3x-10}{x+1}\times\dfrac{x^2+2x+1}{x^2-4}$

(3) $\dfrac{x}{x-1}\div\dfrac{x^2+3x}{x^2+5x-6}$

10b 基本 次の計算をせよ。

(1) $\dfrac{6x^3}{5ay^2}\div\dfrac{9x^2}{10a^2y}$

(2) $\dfrac{x^2-x-2}{2x^2+3x-2}\times\dfrac{2x^2-5x+2}{x^2-2x-3}$

(3) $\dfrac{2x^2-8}{x^2+7x+10}\div\dfrac{x^2-5x+6}{x^2+2x-15}$

検印

5 分数式の加法・減法

KEY 8
分数式の加法・減法

① 分母が同じときは $\dfrac{A}{C}+\dfrac{B}{C}=\dfrac{A+B}{C}$，$\dfrac{A}{C}-\dfrac{B}{C}=\dfrac{A-B}{C}$

② 分母が異なるときは，それぞれの分数式の分母と分子に同じ整式を掛けて，分母を同じにしてから計算する（通分する）。

例 8 次の計算をせよ。

(1) $\dfrac{2x}{x+3}-\dfrac{x-1}{x+3}$ (2) $\dfrac{2}{x+1}+\dfrac{2x}{x+1}$

解答 (1) $\dfrac{2x}{x+3}-\dfrac{x-1}{x+3}=\dfrac{2x-(x-1)}{x+3}=\boldsymbol{\dfrac{x+1}{x+3}}$

(2) $\dfrac{2}{x+1}+\dfrac{2x}{x+1}=\dfrac{2x+2}{x+1}=\dfrac{2(x+1)}{x+1}=\mathbf{2}$

11a 基本 次の計算をせよ。

(1) $\dfrac{2}{3x}+\dfrac{1}{3x}$

(2) $\dfrac{x+2}{x+1}+\dfrac{x-3}{x+1}$

(3) $\dfrac{2x}{x-2}-\dfrac{4}{x-2}$

(4) $\dfrac{3x}{x^2-1}+\dfrac{3}{x^2-1}$

11b 基本 次の計算をせよ。

(1) $\dfrac{3}{4x}+\dfrac{5}{4x}$

(2) $\dfrac{x}{x+2}-\dfrac{x-2}{x+2}$

(3) $\dfrac{2x}{x-3}-\dfrac{6}{x-3}$

(4) $\dfrac{2x}{x^2-4}+\dfrac{4}{x^2-4}$

例 9 次の計算をせよ。

(1) $\dfrac{2}{x+1}+\dfrac{1}{x+2}$　　(2) $\dfrac{x+1}{x^2-x}-\dfrac{x-1}{x^2+x}$

解答 (1) $\dfrac{2}{x+1}+\dfrac{1}{x+2}=\dfrac{2(x+2)}{(x+1)(x+2)}+\dfrac{x+1}{(x+1)(x+2)}=\dfrac{2(x+2)+(x+1)}{(x+1)(x+2)}=\dfrac{\mathbf{3x+5}}{\mathbf{(x+1)(x+2)}}$

(2) $\dfrac{x+1}{x^2-x}-\dfrac{x-1}{x^2+x}=\dfrac{x+1}{x(x-1)}-\dfrac{x-1}{x(x+1)}=\dfrac{(x+1)^2}{x(x-1)(x+1)}-\dfrac{(x-1)^2}{x(x-1)(x+1)}$

$=\dfrac{(x+1)^2-(x-1)^2}{x(x-1)(x+1)}=\dfrac{4x}{x(x-1)(x+1)}=\dfrac{\mathbf{4}}{\mathbf{(x-1)(x+1)}}$

12a 標準 次の計算をせよ。

(1) $\dfrac{3}{x+3}+\dfrac{1}{x-1}$

(2) $\dfrac{x+1}{x(x-4)}+\dfrac{3}{x-4}$

12b 標準 次の計算をせよ。

(1) $\dfrac{2}{x-1}-\dfrac{1}{x}$

(2) $\dfrac{x-1}{x+1}+\dfrac{4x}{x^2-1}$

考えてみよう 3 $\dfrac{1}{x-1}-\dfrac{2}{x}+\dfrac{1}{x+1}$ を計算してみよう。

検印

例題 1　整式の除法の商と余り

x^3-2x^2+x+1 を整式 B で割ると，商が $x-3$，余りが $5x-2$ である。
このとき，整式 B を求めよ。

【ガイド】 整式 A を整式 B で割った商を Q，余りを R とすると

$$A=BQ+R \qquad \text{ただし}\ (R\text{ の次数})<(B\text{ の次数})$$

であるから

$$x^3-2x^2+x+1=B(x-3)+(5x-2)$$

が成り立つ。

解答 与えられた条件から，次の等式が成り立つ。

$$x^3-2x^2+x+1=B(x-3)+5x-2$$

よって　$(x^3-2x^2+x+1)-(5x-2)=B(x-3)$

すなわち　$x^3-2x^2-4x+3=B(x-3)$

x^3-2x^2-4x+3 を $x-3$ で割って

$\boldsymbol{B=x^2+x-1}$

$$\begin{array}{r} x^2+\ x-1 \\ x-3\,\overline{)\,x^3-2x^2-4x+3} \\ \underline{x^3-3x^2} \\ x^2-4x \\ \underline{x^2-3x} \\ -\ x+3 \\ \underline{-\ x+3} \\ 0 \end{array}$$

練習 1

(1) x^2+5x+3 を整式 B で割ると，商が $x+1$，余りが -1 である。このとき，整式 B を求めよ。

(2) $2x^3-x^2-x+1$ を整式 B で割ると，商が $2x+1$，余りが $-4x-1$ である。このとき，整式 B を求めよ。

検印

例題 2 割り算と式の値

$x=2-\sqrt{3}$ のとき，x^3-2x^2-5x+3 の値を求めよ。

【ガイド】 $x=2-\sqrt{3}$ を $x-2=-\sqrt{3}$ と変形し，両辺を 2 乗して整理すると　$x^2-4x+1=0$
x^3-2x^2-5x+3 を x^2-4x+1 で割り，余りに注目する。

解答 $x=2-\sqrt{3}$ より　$x-2=-\sqrt{3}$

両辺を 2 乗すると　$(x-2)^2=(-\sqrt{3})^2$

この式を整理すると　$x^2-4x+1=0$

x^3-2x^2-5x+3 を x^2-4x+1 で割ると，

商は $x+2$，余りは $2x+1$ であるから

$$x^3-2x^2-5x+3=(x^2-4x+1)(x+2)+2x+1$$

◀$A=BQ+R$

$$\begin{array}{r}
x+2 \\
x^2-4x+1\,\big)\,\overline{x^3-2x^2-5x+3} \\
\underline{x^3-4x^2+\ \ x\qquad} \\
2x^2-6x+3 \\
\underline{2x^2-8x+2} \\
2x+1
\end{array}$$

$x=2-\sqrt{3}$ のとき，$x^2-4x+1=0$ であるから，求める式の値は

$$x^3-2x^2-5x+3=(x^2-4x+1)(x+2)+2x+1$$
$$=2(2-\sqrt{3})+1=\mathbf{5-2\sqrt{3}}$$

練習 2 $x=\sqrt{2}-1$ のとき，$x^4+5x^3+4x^2-4x+2$ の値を求めよ。

検印

2 節　等式・不等式の証明

1　恒等式

KEY 9
恒等式

① $ax^2+bx+c=0$ が x についての恒等式 $\iff$ $a=b=c=0$

② $ax^2+bx+c=a'x^2+b'x+c'$ が x についての恒等式 $\iff$ $a=a'$ かつ $b=b'$ かつ $c=c'$

例 10　等式 $a(x-1)^2+b(x-1)+c=x^2-x+2$ が x についての恒等式であるとき，定数 a, b, c の値を求めよ。

解答　左辺を x について整理すると　$ax^2+(-2a+b)x+a-b+c=x^2-x+2$

この等式は x についての恒等式であるから，両辺の同じ次数の項の係数はそれぞれ等しいので

$$\begin{cases} a=1 \\ -2a+b=-1 \\ a-b+c=2 \end{cases}$$

これを解いて　$\boldsymbol{a=1,\ b=1,\ c=2}$

13a 基本　次の等式が x についての恒等式であるとき，定数 a, b, c の値を求めよ。

(1)　$a(2x+1)+b(x+1)=3x-1$

(2)　$ax^2+(b-3)x-3=2x^2-x+c$

13b 基本　次の等式が x についての恒等式であるとき，定数 a, b, c の値を求めよ。

(1)　$a(2x-1)+b(x-1)=4x+3$

(2)　$a(x+1)^2+b(x+1)+c=x^2-x+2$

検印

2 等式の証明

KEY 10 等式の証明

等式 $A=B$ を証明するには，次のいずれかの方法を用いる。

① A を変形して B を導くか，B を変形して A を導く。

② A と B をそれぞれ変形して，同じ式を導く。

③ $A-B$ を計算して 0 に等しくなることを示す。

例 11 等式 $(a-b)^3+3ab(a-b)=a^3-b^3$ を証明せよ。

証明 $(左辺)=(a^3-3a^2b+3ab^2-b^3)+(3a^2b-3ab^2)=a^3-b^3=(右辺)$

よって　$(a-b)^3+3ab(a-b)=a^3-b^3$

14a 基本 次の等式を証明せよ。

$(a+b)(a^2+b^2)+(a-b)(a^2-b^2)=2(a^3+b^3)$

14b 基本 次の等式を証明せよ。

$(a+2b)^2+(2a-b)^2=5(a^2+b^2)$

検印

KEY 11 条件つき等式の証明(1)

条件の式を用いて，等式の各辺を 1 つの文字で表す。

例 12 $x+y=1$ のとき，等式 $x^2+y=y^2+x$ を証明せよ。

証明 $x+y=1$ より，$y=1-x$ であるから

$(左辺)=x^2+y=x^2+(1-x)=x^2-x+1$

$(右辺)=y^2+x=(1-x)^2+x=x^2-x+1$

よって　$x^2+y=y^2+x$

15a 標準 $x-y=2$ のとき，等式 $x^2-2y=y^2+2x$ を証明せよ。

15b 標準 $x+y=-1$ のとき，等式 $x^2+y^2-3=2(x+y-xy)$ を証明せよ。

検印

KEY 12 条件つき等式の証明(2)

$\dfrac{a}{b}=\dfrac{c}{d}=k$ とおいて，a，c を k を用いて表す。

例 13 $\dfrac{a}{b}=\dfrac{c}{d}$ のとき，等式 $\dfrac{2a+c}{2b+d}=\dfrac{2a-c}{2b-d}$ を証明せよ。

証明 $\dfrac{a}{b}=\dfrac{c}{d}=k$ とおくと，$a=bk$，$c=dk$ であるから

$$(\text{左辺})=\frac{2a+c}{2b+d}=\frac{2bk+dk}{2b+d}=\frac{(2b+d)k}{2b+d}=k$$

$$(\text{右辺})=\frac{2a-c}{2b-d}=\frac{2bk-dk}{2b-d}=\frac{(2b-d)k}{2b-d}=k$$

よって $\dfrac{2a+c}{2b+d}=\dfrac{2a-c}{2b-d}$

16a 標準 $\dfrac{a}{b}=\dfrac{c}{d}$ のとき，等式 $\dfrac{a^2+c^2}{ab+cd}=\dfrac{ab+cd}{b^2+d^2}$ を証明せよ。

16b 標準 $\dfrac{a}{b}=\dfrac{c}{d}$ のとき，等式 $\dfrac{(a-c)^2}{(b-d)^2}=\dfrac{a^2+c^2}{b^2+d^2}$ を証明せよ。

検印

3 不等式の証明

KEY 13 不等式 $A>B$ を証明するには，$A-B>0$ を示せばよい。

不等式の証明

例 14 $x>y$ のとき，不等式 $\dfrac{x+y}{2}>\dfrac{x+2y}{3}$ を証明せよ。

証明 $(左辺)-(右辺)=\dfrac{x+y}{2}-\dfrac{x+2y}{3}=\dfrac{3(x+y)-2(x+2y)}{6}=\dfrac{x-y}{6}$

$x>y$ であるから　$x-y>0$　　すなわち　$\dfrac{x-y}{6}>0$

よって　$\dfrac{x+y}{2}-\dfrac{x+2y}{3}>0$　　したがって　$\dfrac{x+y}{2}>\dfrac{x+2y}{3}$

17a 基本 次の不等式を証明せよ。

(1) $a>b$ のとき，$4a+b>2a+3b$

(2) $x>y$ のとき，$\dfrac{4x-y}{3}>\dfrac{x+y}{2}$

17b 基本 次の不等式を証明せよ。

(1) $a>b$ のとき，$b(a-1)>a(b-1)$

(2) $a>0$，$b>0$ のとき，$(a+b)^2>a^2+b^2$

検印

KEY 14 実数の平方

1. すべての実数 a に対して　$a^2 \geqq 0$
   等号が成り立つのは，$a=0$ のときである。
2. すべての実数 a，b に対して　$a^2+b^2 \geqq 0$
   等号が成り立つのは，$a=0$ かつ $b=0$ のときである。

例 15　不等式 $a^2+4b^2 \geqq 4ab$ を証明せよ。また，等号が成り立つのはどのようなときか。

証明　(左辺)−(右辺)$=a^2+4b^2-4ab=a^2-4ab+4b^2=(a-2b)^2$

$(a-2b)^2 \geqq 0$ であるから　$a^2+4b^2-4ab \geqq 0$　よって　$a^2+4b^2 \geqq 4ab$

等号が成り立つのは　$a-2b=0$　すなわち $a=2b$ のときである。

18a 基本　不等式 $(x+1)^2 \geqq 4x$ を証明せよ。また，等号が成り立つのはどのようなときか。

18b 基本　不等式 $2(a^2+b^2) \geqq (a-b)^2$ を証明せよ。また，等号が成り立つのはどのようなときか。

例 16　不等式 $a^2+2a>-3$ を証明せよ。

証明　(左辺)−(右辺)$=a^2+2a+3=(a+1)^2+2$　◀ $a^2+2a+3=(a+1)^2-1^2+3$

$(a+1)^2 \geqq 0$ であるから　$(a+1)^2+2>0$　◀ (実数)^2+(正の数)>0

よって　$a^2+2a+3>0$　したがって　$a^2+2a>-3$

19a 標準 不等式 $a^2+6>4a$ を証明せよ。

19b 標準 不等式 $2x^2-2x+1>0$ を証明せよ。

例 17 不等式 $a^2+b^2 \geqq -ab$ を証明せよ。また，等号が成り立つのはどのようなときか。

証明 (左辺)−(右辺)$=a^2+b^2+ab=a^2+ab+\dfrac{b^2}{4}+\dfrac{3}{4}b^2=\left(a+\dfrac{b}{2}\right)^2+\dfrac{3}{4}b^2$

$\left(a+\dfrac{b}{2}\right)^2 \geqq 0$，$\dfrac{3}{4}b^2 \geqq 0$ であるから $\left(a+\dfrac{b}{2}\right)^2+\dfrac{3}{4}b^2 \geqq 0$

よって $a^2+b^2+ab \geqq 0$ 　したがって $a^2+b^2 \geqq -ab$

等号が成り立つのは，$a+\dfrac{b}{2}=0$ かつ $b=0$ 　すなわち，$a=b=0$ のときである。

20a 標準 不等式 $a^2+2ab+2b^2 \geqq 0$ を証明せよ。また，等号が成り立つのはどのようなときか。

20b 標準 不等式 $a^2+b^2 \geqq 4a+2b-5$ を証明せよ。また，等号が成り立つのはどのようなときか。

検印

4 平方の大小関係，相加平均と相乗平均

KEY 15 平方の大小関係

$a>0$，$b>0$ のとき　$a^2>b^2 \iff a>b$

とくに　$a^2 \geqq b^2 \iff a \geqq b$　等号が成り立つのは $a=b$ のときである。

例 18 $a>0$，$b>0$ のとき，不等式 $\sqrt{a}+3\sqrt{b}>\sqrt{a+9b}$ を証明せよ。

証明　$(\sqrt{a}+3\sqrt{b})^2-(\sqrt{a+9b})^2=(a+6\sqrt{ab}+9b)-(a+9b)=6\sqrt{ab}$

$a>0$，$b>0$ から　$6\sqrt{ab}>0$

よって　$(\sqrt{a}+3\sqrt{b})^2-(\sqrt{a+9b})^2>0$　したがって　$(\sqrt{a}+3\sqrt{b})^2>(\sqrt{a+9b})^2$

ここで，$\sqrt{a}+3\sqrt{b}>0$，$\sqrt{a+9b}>0$ であるから　$\sqrt{a}+3\sqrt{b}>\sqrt{a+9b}$

21a 標準 $a>0$，$b>0$ のとき，次の不等式を証明せよ。

$$a+b>\sqrt{a^2+b^2}$$

21b 標準 $a>0$，$b>0$ のとき，次の不等式を証明せよ。

$$2\sqrt{a}+3\sqrt{b}>\sqrt{4a+9b}$$

検印

KEY 16 相加平均と相乗平均

2つの数 a，b について，$\dfrac{a+b}{2}$ を a と b の相加平均という。

また，$a>0$，$b>0$ のとき，$\sqrt{ab}$ を a と b の相乗平均という。

例 19 4と5の相加平均と相乗平均を求めよ。

解答　相加平均は $\dfrac{4+5}{2}=\dfrac{9}{2}$，　相乗平均は $\sqrt{4\times5}=2\sqrt{5}$

22a 基本 次の2つの数について，相加平均と相乗平均を求めよ。

(1)　1と4

(2)　6と12

22b 基本 次の2つの数について，相加平均と相乗平均を求めよ。

(1)　8と8

(2)　3と9

検印

KEY 17 相加平均と相乗平均の大小関係

$a>0$，$b>0$ のとき $\dfrac{a+b}{2} \geqq \sqrt{ab}$

等号が成り立つのは，$a=b$ のときである。

例 20 $a>0$ のとき，不等式 $a+\dfrac{4}{a} \geqq 4$ を証明せよ。また，等号が成り立つのはどのようなときか。

証明 $a>0$，$\dfrac{4}{a}>0$ であるから，相加平均と相乗平均の大小関係により

$$a+\frac{4}{a} \geqq 2\sqrt{a\cdot\frac{4}{a}}=2\cdot2=4 \qquad \text{よって} \quad a+\frac{4}{a} \geqq 4$$

等号が成り立つのは，$a=\dfrac{4}{a}$

すなわち，$a^2=4$ のときで，$a>0$ であるから，$a=2$ のときである。

23a 標準 $a>0$，$b>0$ のとき，次の不等式を証明せよ。また，等号が成り立つのはどのようなときか。

(1) $9a+\dfrac{1}{a} \geqq 6$

(2) $\dfrac{b}{2a}+\dfrac{a}{2b} \geqq 1$

23b 標準 $a>0$，$b>0$ のとき，次の不等式を証明せよ。また，等号が成り立つのはどのようなときか。

(1) $4ab+\dfrac{9}{ab} \geqq 12$

(2) $a+b+\dfrac{1}{a+b} \geqq 2$

考えてみよう 4 $x>0$ のとき，$x+\dfrac{9}{x}$ の最小値を，相加平均と相乗平均の大小関係を利用して求めてみよう。また，そのときの x の値も求めてみよう。

検印

例題 3 分数式の恒等式

等式 $\dfrac{2x+1}{(x-1)(x+2)}=\dfrac{a}{x-1}+\dfrac{b}{x+2}$ が x についての恒等式であるとき，定数 a，b の値を求めよ。

【ガイド】 分母をはらって得られる等式で考える。

解答 両辺に $(x-1)(x+2)$ を掛けると　$2x+1=a(x+2)+b(x-1)$

右辺を x について整理すると　$2x+1=(a+b)x+(2a-b)$

この等式も x についての恒等式であるから，両辺の同じ次数の項の係数がそれぞれ等しいので

$$\begin{cases} a+b=2 \\ 2a-b=1 \end{cases}$$

これを解いて　$\boldsymbol{a=1,\ b=1}$

練習 3 次の等式が x についての恒等式であるとき，定数 a，b の値を求めよ。

(1) $\dfrac{1}{x(x-1)}=\dfrac{a}{x}+\dfrac{b}{x-1}$

(2) $\dfrac{3x-1}{x^2+x-6}=\dfrac{a}{x-2}+\dfrac{b}{x+3}$

検印

例題 4　相加平均と相乗平均の大小関係の利用

$a>0$, $b>0$ のとき，不等式 $(2a+b)\left(\dfrac{2}{a}+\dfrac{1}{b}\right)\geqq 9$ を証明せよ。また，等号が成り立つのはどのようなときか。

【ガイド】与えられた式を展開してから相加平均と相乗平均の大小関係を利用する。

証明
$$(2a+b)\left(\frac{2}{a}+\frac{1}{b}\right)=4+\frac{2a}{b}+\frac{2b}{a}+1$$
$$=\frac{2a}{b}+\frac{2b}{a}+5$$

$a>0$, $b>0$ であるから，相加平均と相乗平均の大小関係により

$$\frac{2a}{b}+\frac{2b}{a}\geqq 2\sqrt{\frac{2a}{b}\cdot\frac{2b}{a}}=2\cdot 2=4$$

したがって

$$(2a+b)\left(\frac{2}{a}+\frac{1}{b}\right)=\frac{2a}{b}+\frac{2b}{a}+5\geqq 4+5=9$$

また，等号が成り立つのは $\dfrac{2a}{b}=\dfrac{2b}{a}$

すなわち $a^2=b^2$ の場合であるが，$a>0$, $b>0$ であるから，$a=b$ のときである。◀ $a^2=b^2$ より　$a=\pm b$

◀ $2a+b\geqq 2\sqrt{2ab}$,
$\dfrac{2}{a}+\dfrac{1}{b}\geqq 2\sqrt{\dfrac{2}{ab}}$ であるから
$(2a+b)\left(\dfrac{2}{a}+\dfrac{1}{b}\right)\geqq 2\sqrt{2ab}\cdot 2\sqrt{\dfrac{2}{ab}}=8$
としてはいけない。
$2a+b\geqq 2\sqrt{2ab}$ の等号成立は
$2a=b$ のとき。
$\dfrac{2}{a}+\dfrac{1}{b}\geqq 2\sqrt{\dfrac{2}{ab}}$ の等号成立は
$\dfrac{2}{a}=\dfrac{1}{b}$ すなわち，$a=2b$ のとき。
$2a=b$ と $a=2b$ が同時に成り立つ正の数 a, b は存在しない。

練習 4　$a>0$, $b>0$ のとき，不等式 $\left(a+\dfrac{4}{b}\right)\left(b+\dfrac{1}{a}\right)\geqq 9$ を証明せよ。
また，等号が成り立つのはどのようなときか。

検印

1 節 複素数と方程式の解

1 複素数

KEY 18 負の数の平方根

① $a>0$ のとき，$\sqrt{-a}=\sqrt{a}\,i$ と定める。とくに　$\sqrt{-1}=i$

② 実数 k に対して，2 次方程式 $x^2=k$ は k の正負に関係なくつねに解をもち，その解は　$x=\pm\sqrt{k}$

例 21 (1) $\sqrt{-6}$ を i を用いて表せ。　(2) 2 次方程式 $x^2=-64$ を解け。

解答 (1) $\sqrt{6}\,i$　(2) $x=\pm\sqrt{-64}=\pm\sqrt{64}\,i=\pm 8i$

24a 基本 次の数を，i を用いて表せ。

(1) $\sqrt{-11}$

(2) $-\sqrt{-3}$

(3) $\sqrt{-49}$

24b 基本 次の数を，i を用いて表せ。

(1) $\sqrt{-13}$

(2) $\sqrt{-18}$

(3) $-\sqrt{-16}$

25a 基本 次の 2 次方程式を解け。

(1) $x^2=-7$

(2) $x^2+36=0$

25b 基本 次の 2 次方程式を解け。

(1) $x^2=-12$

(2) $(x+1)^2=-3$

検印

KEY 19 複素数

実数 a，b と虚数単位 i を用いて，$a+bi$ の形で表される数を複素数といい，a をこの複素数の実部，b を虚部という。

実部＋虚部 i

例 22 次の複素数の実部と虚部を答えよ。

(1) $5-3i$　(2) $\dfrac{4+i}{3}$　(3) $-\sqrt{7}\,i$

解答

(1) 実部は 5，虚部は -3　◀ $5-3i=5+(-3)i$

(2) 実部は $\dfrac{4}{3}$，虚部は $\dfrac{1}{3}$　◀ $\dfrac{4+i}{3}=\dfrac{4}{3}+\dfrac{1}{3}i$

(3) 実部は 0，虚部は $-\sqrt{7}$　◀ $-\sqrt{7}\,i=0+(-\sqrt{7})i$

26a 基本 次の複素数の実部と虚部を答えよ。

(1) $-5+4i$

(2) $\dfrac{\sqrt{3}-7i}{2}$

(3) $\sqrt{6}\,i$

26b 基本 次の複素数の実部と虚部を答えよ。

(1) $2-i$

(2) $\dfrac{-1+\sqrt{2}\,i}{5}$

(3) -3

KEY 20 複素数の相等

$a,\ b,\ c,\ d$ を実数とするとき　$a+bi=c+di \iff a=c$ かつ $b=d$

とくに　$a+bi=0 \iff a=b=0$

例 23 $(2a-1)+(b+1)i=5-3i$ を満たす実数 $a,\ b$ の値を求めよ。

解答　$2a-1,\ b+1$ は実数であるから　$2a-1=5,\ b+1=-3$

したがって　$\boldsymbol{a=3,\ b=-4}$

27a 基本 次の等式を満たす実数 $a,\ b$ の値を求めよ。

(1) $a+bi=3-2i$

(2) $(a-2)+(3b-2)i=-1+4i$

(3) $a+bi=4$

27b 基本 次の等式を満たす実数 $a,\ b$ の値を求めよ。

(1) $1+bi=\dfrac{a-\sqrt{3}\,i}{2}$

(2) $(2a+7)+(4b-3)i=0$

(3) $a-bi=i$

検印

検印

2 複素数の四則計算

KEY 21 複素数の加法・減法・乗法

複素数の四則計算では，i を文字のように考えて計算する。
i^2 が出てくれば，それを -1 におきかえて計算する。

例 24 次の計算をせよ。

(1) $(1+2i)+(3+4i)$ (2) $(1+2i)-(3+4i)$ (3) $(1+2i)(3+4i)$

解答
(1) $(1+2i)+(3+4i)=(1+3)+(2+4)i=\mathbf{4+6i}$
(2) $(1+2i)-(3+4i)=1+2i-3-4i=(1-3)+(2-4)i=\mathbf{-2-2i}$
(3) $(1+2i)(3+4i)=3+4i+6i+8i^2=3+4i+6i+8\cdot(-1)$ ◀i^2 を -1 におきかえる。
$=(3-8)+(4+6)i=\mathbf{-5+10i}$

28a 基本 次の計算をせよ。

(1) $(2+3i)+(3+i)$

(2) $(5-7i)-(-4+6i)$

(3) $(2+i)(1+i)$

(4) $(5-2i)^2$

28b 基本 次の計算をせよ。

(1) $(-2+i)+(1-2i)$

(2) $(-3+4i)-(-2+8i)$

(3) $(-3+i)(-i)$

(4) $(1+i)^3$

検印

KEY 22 共役な複素数

2 つの複素数 $a+bi$ と $a-bi$ を，互いに共役な複素数という。

例 25 次の複素数と共役な複素数を答えよ。

(1) $4-2i$　　(2) $5i$

解答 (1) $\mathbf{4+2i}$　　(2) $\mathbf{-5i}$　◀ $5i=0+5i$

29a 基本 次の複素数と共役な複素数を求めよ。

(1) $1+3i$

(2) $-4i$

29b 基本 次の複素数と共役な複素数を求めよ。

(1) $2-i$

(2) 7

KEY 23 複素数の除法

分母と分子に分母の共役な複素数を掛けるなどして，分母を実数になおし，$a+bi$ の形にする。

例 26 $\dfrac{2+3i}{1-4i}$ を計算せよ。

解答 $\dfrac{2+3i}{1-4i}=\dfrac{(2+3i)(1+4i)}{(1-4i)(1+4i)}=\dfrac{2+11i+12i^2}{1-16i^2}=\dfrac{-10+11i}{17}=-\mathbf{\dfrac{10}{17}}+\mathbf{\dfrac{11}{17}i}$

30a 基本 次の計算をせよ。

(1) $\dfrac{2+i}{1-i}$

(2) $\dfrac{4+2i}{2+3i}$

(3) $-\dfrac{3}{2i}$

30b 基本 次の計算をせよ。

(1) $\dfrac{i}{1-3i}$

(2) $\dfrac{-1-2i}{-1+2i}$

(3) $\dfrac{3-4i}{-2i}$

検印

検印

3 2次方程式の解

KEY 24 解の公式

2次方程式 $ax^2+bx+c=0$ の解は $x=\dfrac{-b\pm\sqrt{b^2-4ac}}{2a}$

例 27 2次方程式 $3x^2-4x+3=0$ を解け。

解答 $x=\dfrac{-(-4)\pm\sqrt{(-4)^2-4\cdot3\cdot3}}{2\cdot3}=\dfrac{4\pm\sqrt{-20}}{6}=\dfrac{4\pm2\sqrt{5}\,i}{6}=\dfrac{2\pm\sqrt{5}\,i}{3}$

31a 基本 次の2次方程式を解け。

(1) $2x^2+3x+5=0$

(2) $3x^2-x-1=0$

(3) $x^2-2x+2=0$

31b 基本 次の2次方程式を解け。

(1) $4x^2-3x+2=0$

(2) $9x^2-6x+1=0$

(3) $x^2+2x+5=0$

考えてみよう 5 2次方程式 $ax^2+2b'x+c=0$ の解は，$x=\dfrac{-b'\pm\sqrt{b'^2-ac}}{a}$ で表される。この公式を用いて，**例27**の2次方程式を解いてみよう。

検印

KEY 25 解の判別

実数 a，b，c を係数とする２次方程式 $ax^2+bx+c=0$ の解が実数であるか虚数であるかは，判別式 $D=b^2-4ac$ の符号によって判別できる。

$D=b^2-4ac>0 \iff$ 異なる２つの実数解
$D=b^2-4ac=0 \iff$ 重解（１つの実数解）
（上の２つをまとめて）$D\geqq 0 \iff$ 実数解
$D=b^2-4ac<0 \iff$ 異なる２つの虚数解

例 28 ２次方程式 $3x^2-4x+2=0$ の解を判別せよ。

解答 $3x^2-4x+2=0$ の判別式を D とすると　$D=(-4)^2-4\cdot3\cdot2=-8<0$
よって，異なる２つの虚数解をもつ。

32a 基本 次の２次方程式の解を判別せよ。

(1) $2x^2-x+2=0$

(2) $25x^2+20x+4=0$

(3) $-4x^2+13x-7=0$

32b 基本 次の２次方程式の解を判別せよ。

(1) $3x^2-2x-4=0$

(2) $-7x^2+6x-2=0$

(3) $4x^2-12x+9=0$

考えてみよう 6 ２次方程式 $ax^2+2b'x+c=0$ の判別式 D は，$D=(2b')^2-4ac=4(b'^2-ac)$ であるから，$\dfrac{D}{4}=b'^2-ac$ の符号を調べてもよい。**例28**の解を，$\dfrac{D}{4}$ を用いて判別してみよう。

例 29 2次方程式 $x^2+kx+k+3=0$ が虚数解をもつとき，定数 k の値の範囲を求めよ。

解答 この2次方程式の判別式を D とすると　$D=k^2-4\cdot1\cdot(k+3)=k^2-4k-12=(k+2)(k-6)$
虚数解をもつための条件は $D<0$ が成り立つことであるから　$(k+2)(k-6)<0$
これを解いて　$\boldsymbol{-2<k<6}$

33a 標準 次の問いに答えよ。

(1)　2次方程式 $x^2-6x+2k+7=0$ が虚数解をもつとき，定数 k の値の範囲を求めよ。

(2)　2次方程式 $x^2+kx-k+8=0$ が実数解をもつとき，定数 k の値の範囲を求めよ。

33b 標準 次の問いに答えよ。

(1)　2次方程式 $3x^2+4x-k-1=0$ が実数解をもつとき，定数 k の値の範囲を求めよ。

(2)　2次方程式 $x^2+(k+1)x+1=0$ が虚数解をもつとき，定数 k の値の範囲を求めよ。

考えてみよう 7 **例29**の2次方程式 $x^2+kx+k+3=0$ が重解をもつときの定数 k の値を求めてみよう。また，そのときの重解を求めてみよう。

検印

4 解と係数の関係

KEY 26
解と係数の関係

2 次方程式 $ax^2+bx+c=0$ の 2 つの解を α，β とすると

$$\alpha+\beta=-\frac{b}{a},\qquad \alpha\beta=\frac{c}{a}$$

例 30 2 次方程式 $x^2-x+3=0$ の 2 つの解の和と積を求めよ。

解答 2 つの解を α，β とすると　$\alpha+\beta=-\dfrac{-1}{1}=\mathbf{1}$，　$\alpha\beta=\dfrac{3}{1}=\mathbf{3}$

34a 基本 次の 2 次方程式の 2 つの解の和と積を求めよ。

(1) $x^2+3x+4=0$

(2) $3x^2-x+5=0$

(3) $4x^2+6x-3=0$

(4) $x^2+4x=0$

34b 基本 次の 2 次方程式の 2 つの解の和と積を求めよ。

(1) $x^2-5x-7=0$

(2) $-3x^2+x-1=0$

(3) $6x^2+3x-2=0$

(4) $2x^2+3=0$

例 31 2 次方程式 $x^2+3x+6=0$ の 2 つの解を α, β とするとき，次の式の値を求めよ。

(1) $\alpha^2+\beta^2$　　(2) $\dfrac{1}{\alpha}+\dfrac{1}{\beta}$

解答 解と係数の関係から　$\alpha+\beta=-3$,　$\alpha\beta=6$

(1) $\alpha^2+\beta^2=(\alpha+\beta)^2-2\alpha\beta=(-3)^2-2\cdot 6=\mathbf{-3}$

(2) $\dfrac{1}{\alpha}+\dfrac{1}{\beta}=\dfrac{\alpha+\beta}{\alpha\beta}=\dfrac{-3}{6}=\mathbf{-\dfrac{1}{2}}$

35a 標準 2 次方程式 $x^2+3x+4=0$ の 2 つの解を α, β とするとき，次の式の値を求めよ。

(1) $\alpha^2+\beta^2$

(2) $(\alpha-\beta)^2$

(3) $\dfrac{1}{\alpha}+\dfrac{1}{\beta}$

35b 標準 2 次方程式 $x^2-2x-1=0$ の 2 つの解を α, β とするとき，次の式の値を求めよ。

(1) $\alpha^2+\beta^2$

(2) $(\alpha-1)(\beta-1)$

(3) $\dfrac{\beta}{\alpha}+\dfrac{\alpha}{\beta}$

考えてみよう 8 $\alpha^3+\beta^3$ を $\alpha+\beta$ と $\alpha\beta$ を用いて表してみよう。また，**例31**において $\alpha^3+\beta^3$ の値を求めてみよう。

検印

KEY 27 2数を解とする2次方程式

2数 α, β を解とし，x^2 の係数が1である2次方程式は
$x^2-(\alpha+\beta)x+\alpha\beta=0$　　◀$x^2-(\text{和})x+(\text{積})=0$

例 32 $1+i$, $1-i$ を解とし，x^2 の係数が1である2次方程式を求めよ。

解答 解の和 $(1+i)+(1-i)=2$　　解の積 $(1+i)(1-i)=1-i^2=2$
であるから，求める2次方程式は　$\boldsymbol{x^2-2x+2=0}$

36a 基本 次の2数を解とし，x^2 の係数が1である2次方程式を求めよ。

(1) $2+\sqrt{3}$, $2-\sqrt{3}$

(2) $-4+3i$, $-4-3i$

36b 基本 次の2数を解とし，x^2 の係数が1である2次方程式を求めよ。

(1) $-1+\sqrt{5}\,i$, $-1-\sqrt{5}\,i$

(2) i, $-i$

例 33 2次方程式 $x^2-2x-1=0$ の2つの解を α, β とするとき，2数 2α, 2β を解とし，x^2 の係数が1である2次方程式を求めよ。

解答 解と係数の関係により　$\alpha+\beta=2$, $\alpha\beta=-1$
よって　$2\alpha+2\beta=2(\alpha+\beta)=2\cdot2=4$　　$2\alpha\cdot2\beta=4\alpha\beta=4\cdot(-1)=-4$
したがって，求める2次方程式は　$\boldsymbol{x^2-4x-4=0}$

37a 標準 2次方程式 $x^2-5x+3=0$ の2つの解を α, β とするとき，2数 $\alpha-1$, $\beta-1$ を解とし，x^2 の係数が1である2次方程式を求めよ。

37b 標準 2次方程式 $x^2+4x+2=0$ の2つの解を α, β とするとき，2数 α^2, β^2 を解とし，x^2 の係数が1である2次方程式を求めよ。

検印

KEY 28 2次式の因数分解

2次方程式 $ax^2+bx+c=0$ の2つの解を α，β とすると

$$ax^2+bx+c=a(x-\alpha)(x-\beta)$$

◀係数が実数の2次式は，複素数の範囲でつねに1次式の積に因数分解できる。

例 34 次の2次式を複素数の範囲で因数分解せよ。

(1) $3x^2-x-1$　　(2) $x^2-2x+10$

解答 (1) $3x^2-x-1=0$ を解くと，$x=\dfrac{1\pm\sqrt{13}}{6}$ であるから

$$3x^2-x-1=\boldsymbol{3\left(x-\frac{1+\sqrt{13}}{6}\right)\left(x-\frac{1-\sqrt{13}}{6}\right)}$$

(2) $x^2-2x+10=0$ を解くと，$x=1\pm3i$ であるから

$$x^2-2x+10=\{x-(1+3i)\}\{x-(1-3i)\}=\boldsymbol{(x-1-3i)(x-1+3i)}$$

38a 基本 次の2次式を複素数の範囲で因数分解せよ。

(1) x^2-5x+3

(2) x^2-2x+3

(3) x^2+9

38b 基本 次の2次式を複素数の範囲で因数分解せよ。

(1) x^2+2x-4

(2) $3x^2-x+2$

(3) x^2+12

検印

例題 5　2つの解の関係と係数の決定

2次方程式 $x^2+8x+k-2=0$ の1つの解が他の解の -3 倍であるとき，定数 k の値と方程式の解を求めよ。

【ガイド】 2次方程式の2つの解の条件が示されている場合，一方の解を α とおき，もう一方の解を α を用いて表す。

解答　この2次方程式の解を α，-3α とおくと，解と係数の関係から

$\alpha+(-3\alpha)=-8$ ……①　　$\alpha\cdot(-3\alpha)=k-2$ ……②

①より　$-2\alpha=-8$　$\alpha=4$　　②より　$k=-3\alpha^2+2$

よって　$k=-3\cdot4^2+2=-46$

また，もう1つの解は　$-3\alpha=-3\cdot4=-12$

答　$k=-46$，方程式の解は $x=4$，-12

練習 5

2次方程式 $x^2+5x+4k-2=0$ が次のような解をもつとき，定数 k の値と方程式の解を求めよ。

(1)　1つの解が他の解の -2 倍

(2)　2つの解の差が3

(3)　2つの解の比が $2:3$

検印

例題 6　2次方程式の実数解の符号

2次方程式 $x^2-(m+2)x-m+6=0$ が異なる2つの正の解をもつとき，定数 m の値の範囲を求めよ。

【ガイド】 異なる2つの実数解をもつから判別式は正となる。また，条件から解の和と積はともに正である。

解答 2次方程式の2つの解を α，β とし，判別式を D とする。

異なる2つの正の解をもつための条件は

$D>0$，$\alpha+\beta>0$，$\alpha\beta>0$

が成り立つことである。

$D=\{-(m+2)\}^2-4\cdot1\cdot(-m+6)=m^2+8m-20=(m+10)(m-2)$

$D>0$ から　$m<-10$，$2<m$ ……①

また，解と係数の関係により　$\alpha+\beta=m+2$，$\alpha\beta=-m+6$

$\alpha+\beta>0$ から　$m+2>0$

すなわち　$m>-2$ ……②

$\alpha\beta>0$ から　$-m+6>0$

すなわち　$m<6$ ……③

①，②，③の共通な範囲を求めて

$2<m<6$

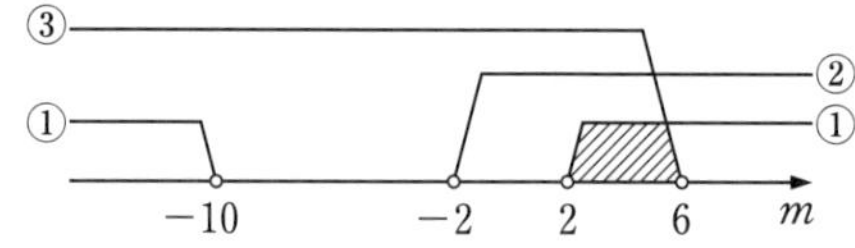

練習 6

2次方程式 $x^2+mx+m+3=0$ が異なる2つの負の解をもつとき，定数 m の値の範囲を求めよ。

検印

2節 高次方程式

1 剰余の定理・因数定理

KEY 29 整式 $P(x)$ を1次式 $x-\alpha$ で割った余りは　$P(\alpha)$

剰余の定理

例 35 整式 $P(x)=2x^2-3x+1$ を $x+2$，$x-1$ で割った余りを求めよ。

解答　$P(x)$ を $x+2$ で割った余りは　$P(-2)=2\cdot(-2)^2-3\cdot(-2)+1=\mathbf{15}$

$P(x)$ を $x-1$ で割った余りは　$P(1)=2\cdot1^2-3\cdot1+1=\mathbf{0}$

39a 基本 整式 $P(x)=3x^2+x-2$ を次の1次式で割った余りを求めよ。

(1)　$x-1$

(2)　$x-2$

(3)　$x+3$

39b 基本 整式 $P(x)=x^3+2x^2-5x-3$ を次の1次式で割った余りを求めよ。

(1)　$x+1$

(2)　$x+2$

(3)　$x-3$

考えてみよう 9　整式 $P(x)$ を1次式 $ax+b$ で割った商を $Q(x)$，余りを R とすると $P(x)=(ax+b)Q(x)+R$ と表される。

この式に $x=-\dfrac{b}{a}$ を代入して，$P\left(-\dfrac{b}{a}\right)=R$ となることを確かめてみよう。

また，このことを利用して，$P(x)=2x^2-3x+1$ を $2x+1$ で割った余りを求めてみよう。

例 36 整式 $P(x)$ を $x+1$ で割った余りが -6，$x-2$ で割った余りが 3 であるとき，$P(x)$ を $(x+1)(x-2)$ で割った余りを求めよ。

解答 $P(x)$ を $(x+1)(x-2)$ で割った商を $Q(x)$ とする。
2 次式 $(x+1)(x-2)$ で割った余りは 1 次式か定数である。
よって，余りを $ax+b$ とおくと　$P(x)=(x+1)(x-2)Q(x)+ax+b$　……①
が成り立つ。
①に $x=-1$，2 を代入して　$P(-1)=-a+b$　$P(2)=2a+b$
一方，剰余の定理により，$P(-1)=-6$，$P(2)=3$ であるから　$\begin{cases}-a+b=-6\\2a+b=3\end{cases}$
これを解いて　$a=3$，$b=-3$　したがって，求める余りは　$\boldsymbol{3x-3}$

40a 標準 整式 $P(x)$ を $x+2$ で割った余りが 2，$x-3$ で割った余りが 7 であるとき，$P(x)$ を $(x+2)(x-3)$ で割った余りを求めよ。

40b 標準 整式 $P(x)$ を $x-1$ で割った余りが 3，$x+2$ で割った余りが 9 であるとき，$P(x)$ を $(x-1)(x+2)$ で割った余りを求めよ。

検印

KEY 30 因数定理

整式 $P(x)$ について
$x-\alpha$ は $P(x)$ の因数である $\iff$ $P(\alpha)=0$

例 37 次の 1 次式のうち，整式 $P(x)=x^3-x^2+2x-8$ の因数をすべて選べ。
① $x-1$　② $x-2$　③ $x+2$

解答 $P(1)=1^3-1^2+2\cdot1-8=-6$，$P(2)=2^3-2^2+2\cdot2-8=0$
$P(-2)=(-2)^3-(-2)^2+2\cdot(-2)-8=-24$
よって，因数となるのは　②

41a 基本 次の1次式のうち，整式
$P(x)=x^3-2x^2+x-2$ の因数をすべて選べ。
① $x-1$　② $x-2$　③ $x+1$　④ $x+2$

41b 基本 次の1次式のうち，整式
$P(x)=x^3-x^2-8x+12$ の因数をすべて選べ。
① $x-2$　② $x-3$　③ $x+2$　④ $x+3$

2章 複素数と方程式

検印

KEY 31 3次式の因数分解

① 因数定理により，1次式の因数を見つける。
② ①の1次式で割り算を行い，さらにその商の因数分解を考える。

例 38 整式 $P(x)=x^3-4x^2+x+6$ を因数分解せよ。

解答 $P(-1)=0$ であるから，$x+1$ は $P(x)$ の因数である。
$P(x)$ を $x+1$ で割った商は x^2-5x+6 であるから

$$P(x)=(x+1)(x^2-5x+6)$$
$$=\boldsymbol{(x+1)(x-2)(x-3)}$$

$$\begin{array}{r} x^2-5x+6 \\ x+1\overline{)x^3-4x^2+x+6} \\ \underline{x^3+x^2} \\ -5x^2+x \\ \underline{-5x^2-5x} \\ 6x+6 \\ \underline{6x+6} \\ 0 \end{array}$$

42a 標準 整式 $P(x)=x^3+2x^2-x-2$ を因数分解せよ。

42b 標準 整式 $P(x)=2x^3+x^2-7x-6$ を因数分解せよ。

検印

2 高次方程式

KEY 32 高次方程式の解法

因数分解の公式や因数定理を利用し，左辺の整式を因数分解して解く。
$x^4+px^2+q=0$ の形の方程式は，$x^2=X$ とおくと解けることがある。

例 39 次の方程式を解け。

(1) $x^3+8=0$　　(2) $x^4+3x^2-4=0$

解答 (1) 左辺を因数分解すると　$(x+2)(x^2-2x+4)=0$

よって　$x+2=0$　または　$x^2-2x+4=0$　　したがって　$\boldsymbol{x=-2,\ 1\pm\sqrt{3}\,i}$

(2) $x^2=X$ とおくと，$X^2+3X-4=0$ であるから　◀$x^4=(x^2)^2=X^2$

$(X+4)(X-1)=0$　　よって　$X=-4,\ 1$

すなわち　$x^2=-4$　または　$x^2=1$　　したがって　$\boldsymbol{x=\pm2i,\ \pm1}$

43a 基本 方程式 $x^3+1=0$ を解け。

43b 基本 方程式 $x^3-64=0$ を解け。

44a 標準 次の方程式を解け。

(1) $x^4-3x^2+2=0$

(2) $x^4-2x^2-8=0$

44b 標準 次の方程式を解け。

(1) $x^4+6x^2+5=0$

(2) $x^4-16=0$

例 40　方程式 $x^3-2x^2-11x-6=0$ を解け。

解答　$P(x)=x^3-2x^2-11x-6$ とすると　$P(-2)=0$

よって，$x+2$ は $P(x)$ の因数であり

$$P(x)=(x+2)(x^2-4x-3)$$

$P(x)=0$ から

$$x+2=0 \quad \text{または} \quad x^2-4x-3=0$$

したがって　$\boldsymbol{x=-2,\ 2\pm\sqrt{7}}$

$$\begin{array}{r} x^2-4x-3 \\ x+2\,\overline{)\,x^3-2x^2-11x-6} \\ \underline{x^3+2x^2} \\ -4x^2-11x \\ \underline{-4x^2-8x} \\ -3x-6 \\ \underline{-3x-6} \\ 0 \end{array}$$

45a 基本 次の方程式を解け。

(1)　$x^3+x^2-4x-4=0$

(2)　$x^3-x^2-4x-6=0$

45b 基本 次の方程式を解け。

(1)　$x^3-3x^2-10x+24=0$

(2)　$x^3-8x-8=0$

検印

例題 7　組立除法

組立除法を利用して，$x^3+4x^2-5x-10$ を，1次式 $x-2$ で割った商と余りを求めよ。

【ガイド】 x の1次式 $x-k$ で整式 ax^3+bx^2+cx+d を割った商を ℓx^2+mx+n，余りを R とすると

$$ax^3+bx^2+cx+d=(x-k)(\ell x^2+mx+n)+R$$
$$=\ell x^3+(m-\ell k)x^2+(n-mk)x+(R-nk)$$

が成り立つ。

係数を比較して

$a=\ell$，$b=m-\ell k$，$c=n-mk$，$d=R-nk$

これらを ℓ，m，n，R について解くと

$\ell=a$，$m=b+\ell k$，$n=c+mk$，$R=d+nk$

よって，右の図のように係数を書き並べて商と余りを求めることができる。

この方法を**組立除法**という。

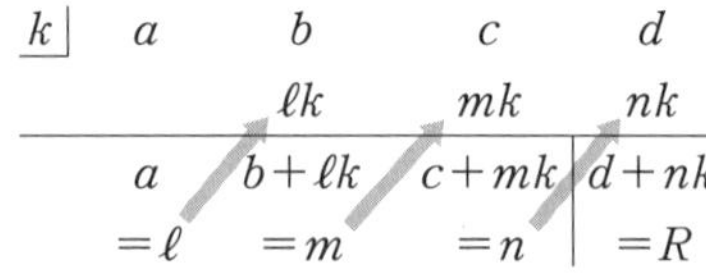

解答 右の組立除法により，

商は　x^2+6x+7，

余りは　4

である。

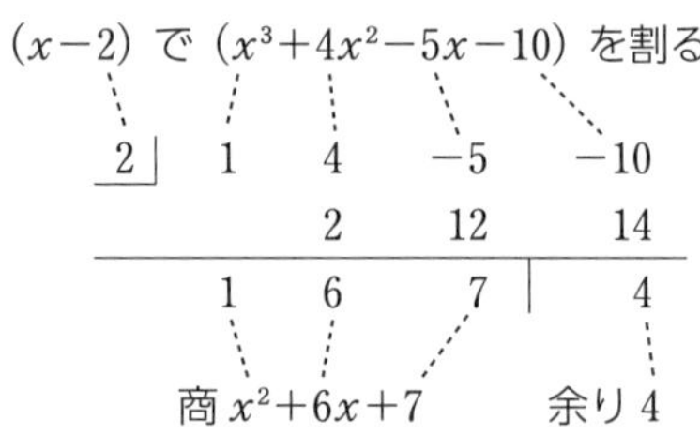

練習 7

組立除法を利用して，A を B で割った商と余りを求めよ。

(1) $A=3x^3+5x^2-6x+11$，$B=x-2$

(2) $A=2x^3-x^2-7x+5$，$B=x+3$

検印

例題 8　3次方程式の虚数解からの係数決定

3次方程式 $x^3+ax^2+bx+10=0$ の1つの解が $2+i$ であるとき，実数 a，b の値と他の解を求めよ。

【ガイド】 $x=2+i$ を代入して，複素数の相等から a，b の値を求める。

解答 $2+i$ が解であるから　$(2+i)^3+a(2+i)^2+b(2+i)+10=0$

整理すると　$(3a+2b+12)+(4a+b+11)i=0$　◀ i について整理する。

a，b は実数であるから，$3a+2b+12$，$4a+b+11$ も実数である。

よって $\begin{cases} 3a+2b+12=0 \\ 4a+b+11=0 \end{cases}$　これを解いて　$a=-2$，$b=-3$

このとき，与えられた方程式は　$x^3-2x^2-3x+10=0$

左辺を因数分解すると　$(x+2)(x^2-4x+5)=0$

これを解くと　$x=-2$，$2\pm i$

答 $a=-2$，$b=-3$，他の解は $x=-2$，$2-i$

練習 8　3次方程式 $x^3+ax^2+bx-10=0$ の1つの解が $3+i$ であるとき，実数 a，b の値と他の解を求めよ。

検印

例題 9　1の3乗根 ω

1の3乗根のうち，虚数であるものの1つを ω とするとき，次の式の値を求めよ。

(1)　ω^{30}　　(2)　$\omega^4+\omega^2+1$　　(3)　$\omega+\dfrac{1}{\omega}$

【ガイド】 $\omega^3=1$，$\omega^2+\omega+1=0$ が成り立つことを利用する。

解答 (1)　$\omega^{30}=(\omega^3)^{10}=1^{10}=\mathbf{1}$　　◀ $\omega^3=1$

(2)　$\omega^4+\omega^2+1=\omega^3\cdot\omega+\omega^2+1$　　◀ $\omega^3=1$ を利用して次数を下げる。

$=\omega+\omega^2+1$

$\omega^3-1=0$ より　$(\omega-1)(\omega^2+\omega+1)=0$

$\omega\neq1$ であるから　　$\omega^2+\omega+1=0$　　◀ ω は虚数

よって　$\omega^4+\omega^2+1=\mathbf{0}$

(3)　$\omega+\dfrac{1}{\omega}=\dfrac{\omega^2+1}{\omega}=\dfrac{-\omega}{\omega}=\mathbf{-1}$　　◀ $\omega^2+\omega+1=0$ より　$\omega^2+1=-\omega$

練習 9

1の3乗根のうち，虚数であるものの1つを ω とするとき，次の式の値を求めよ。

(1)　ω^{60}

(2)　$\omega^6+\omega^3+1$

(3)　$\omega^{10}+\omega^5+1$

(4)　$\dfrac{1}{\omega^2}+\dfrac{1}{\omega}$

検印

例題 10　3次方程式の解と係数の関係　発展

3次方程式 $x^3+5x^2-7x-8=0$ の解を α, β, γ とするとき，$\alpha^2+\beta^2+\gamma^2$ の値を求めよ。

【ガイド】 3次方程式 $ax^3+bx^2+cx+d=0$ の解を α, β, γ とすると

$$\alpha+\beta+\gamma=-\frac{b}{a},\quad \alpha\beta+\beta\gamma+\gamma\alpha=\frac{c}{a},\quad \alpha\beta\gamma=-\frac{d}{a}$$

が成り立つ。これを3次方程式の解と係数の関係という。
$(\alpha+\beta+\gamma)^2=\alpha^2+\beta^2+\gamma^2+2\alpha\beta+2\beta\gamma+2\gamma\alpha$ であるから，$\alpha^2+\beta^2+\gamma^2$ を $\alpha+\beta+\gamma$, $\alpha\beta+\beta\gamma+\gamma\alpha$ を用いて表し，上の関係を利用する。

解答 解と係数の関係から

$$\alpha+\beta+\gamma=-\frac{5}{1}=-5,\quad \alpha\beta+\beta\gamma+\gamma\alpha=\frac{-7}{1}=-7$$

よって，$(\alpha+\beta+\gamma)^2=\alpha^2+\beta^2+\gamma^2+2\alpha\beta+2\beta\gamma+2\gamma\alpha$ より

$$\alpha^2+\beta^2+\gamma^2=(\alpha+\beta+\gamma)^2-2(\alpha\beta+\beta\gamma+\gamma\alpha)=(-5)^2-2\cdot(-7)=\mathbf{39}$$

練習 10

3次方程式 $x^3-x^2-2x+3=0$ の解を α, β, γ とするとき，次の式の値を求めよ。

(1) $\alpha^2+\beta^2+\gamma^2$

(2) $\dfrac{1}{\alpha}+\dfrac{1}{\beta}+\dfrac{1}{\gamma}$

(3) $(\alpha+\beta)(\beta+\gamma)(\gamma+\alpha)$

検印

1 節 点と直線

1 直線上の点の座標

KEY 33 2点間の距離

数直線上の2点 A(a)，B(b) 間の距離 AB は

$$AB=|b-a|$$

$a<b$ のとき

A ← $b-a$ → B（a，b）

$a>b$ のとき

B ← $a-b$ → A（b，a）

例 41 2点 A(2)，B(−1) 間の距離を求めよ。

解答 $AB=|-1-2|=|-3|=3$

46a 基本 数直線上の次の2点間の距離を求めよ。

(1) A(3)，B(−2)

(2) A(−1)，B(4)

(3) O(0)，A$\left(\frac{1}{5}\right)$

46b 基本 数直線上の次の2点間の距離を求めよ。

(1) A(−5)，B(−7)

(2) A(1)，B$\left(-\frac{1}{2}\right)$

(3) O(0)，A(−6)

検印

KEY 34 内分点の座標

2点 A(a)，B(b) を結ぶ線分 AB を $m:n$ に内分する点 P の座標 x は

$$x=\frac{na+mb}{m+n}$$

とくに，線分 AB の中点 M の座標は $\frac{a+b}{2}$

例 42 2点 A(−7)，B(3) を結ぶ線分 AB を 2：3 に内分する点の座標を求めよ。

解答 $\frac{3\cdot(-7)+2\cdot3}{2+3}=-3$

47a 基本　2 点 A(−2), B(2) を結ぶ線分 AB について，次の点の座標を求めよ。

(1)　3：1 に内分する点 P

(2)　2：5 に内分する点 Q

(3)　中点 M

47b 基本　2 点 A(−9), B(−2) を結ぶ線分 AB について，次の点の座標を求めよ。

(1)　3：4 に内分する点 P

(2)　4：1 に内分する点 Q

(3)　中点 M

KEY 35 外分点の座標

2 点 A(a), B(b) を結ぶ線分 AB を m：n に外分する点 Q の座標 x は

$$x=\frac{-na+mb}{m-n}$$

例 43　2 点 A(−2), B(1) を結ぶ線分 AB を 2：3 に外分する点の座標を求めよ。

解答　$\frac{-3\cdot(-2)+2\cdot1}{2-3}=-8$

48a 基本　2 点 A(−2), B(2) を結ぶ線分 AB について，次の点の座標を求めよ。

(1)　3：1 に外分する点 Q

(2)　1：3 に外分する点 R

48b 基本　2 点 A(−9), B(−2) を結ぶ線分 AB について，次の点の座標を求めよ。

(1)　3：4 に外分する点 Q

(2)　4：3 に外分する点 R

3 章　図形と方程式

検印

検印

2 平面上の点の座標

KEY 36
2点間の距離

2点 $A(x_1,\ y_1)$，$B(x_2,\ y_2)$ 間の距離 AB は　$AB=\sqrt{(x_2-x_1)^2+(y_2-y_1)^2}$
とくに，原点Oと点 $P(x,\ y)$ との距離 OP は　$OP=\sqrt{x^2+y^2}$

例 44　2点 $A(-2,\ 1)$，$B(3,\ -4)$ 間の距離を求めよ。

解答　$AB=\sqrt{\{3-(-2)\}^2+(-4-1)^2}=\sqrt{50}=5\sqrt{2}$

49a 基本　次の2点間の距離を求めよ。

(1)　$A(5,\ 3)$，$B(6,\ 1)$

(2)　$C(3,\ 4)$，$D(-2,\ 6)$

(3)　$E(3,\ -4)$，$F(-3,\ 0)$

(4)　原点O，$P(4,\ -5)$

49b 基本　次の2点間の距離を求めよ。

(1)　$A(2,\ 7)$，$B(1,\ -2)$

(2)　$C(-4,\ 3)$，$D(-4,\ -5)$

(3)　$E\left(\frac{1}{2},\ -\frac{4}{3}\right)$，$F\left(-\frac{1}{2},\ \frac{2}{3}\right)$

(4)　原点O，$P(\sqrt{2},\ -1)$

例 45 2点 A$(-1,\ 3)$, B$(4,\ -2)$ から等距離にある，x 軸上の点 P の座標を求めよ。

解答 点 P の座標を $(x,\ 0)$ とおく。

AP=BP より　$AP^2=BP^2$

このとき　$AP^2=\{x-(-1)\}^2+3^2=x^2+2x+10$

$BP^2=(x-4)^2+(-2)^2=x^2-8x+20$

これより　$x^2+2x+10=x^2-8x+20$

よって　$10x=10$　すなわち　$x=1$　　したがって，点 P の座標は　**(1, 0)**

50a 標準 2点 A$(1,\ 2)$, B$(3,\ 4)$ に対して，次の点の座標を求めよ。

(1)　2点 A，B から等距離にある，x 軸上の点 P

(2)　2点 A，B から等距離にある，y 軸上の点 Q

50b 標準 2点 A$(-3,\ 2)$, B$(5,\ 0)$ に対して，次の点の座標を求めよ。

(1)　2点 A，B から等距離にある，x 軸上の点 P

(2)　2点 A，B から等距離にある，y 軸上の点 Q

検印

KEY 37 内分点・外分点の座標

2 点 A$(x_1,\ y_1)$，B$(x_2,\ y_2)$ を結ぶ線分 AB に対して，

$m:n$ に内分する点 P の座標は $\left(\dfrac{nx_1+mx_2}{m+n},\ \dfrac{ny_1+my_2}{m+n}\right)$

$m:n$ に外分する点 Q の座標は $\left(\dfrac{-nx_1+mx_2}{m-n},\ \dfrac{-ny_1+my_2}{m-n}\right)$

とくに，線分 AB の中点 M の座標は $\left(\dfrac{x_1+x_2}{2},\ \dfrac{y_1+y_2}{2}\right)$

例 46

2 点 A$(-2,\ 5)$，B$(8,\ 1)$ を結ぶ線分 AB に対して，次の点の座標を求めよ。

(1) 1：2 に内分する点 P　　(2) 2：3 に外分する点 Q

解答 (1) 点 P の座標を $(x,\ y)$ とおくと

$$x=\frac{2\cdot(-2)+1\cdot8}{1+2}=\frac{4}{3},\quad y=\frac{2\cdot5+1\cdot1}{1+2}=\frac{11}{3}$$

よって，点 P の座標は $\left(\dfrac{4}{3},\ \dfrac{11}{3}\right)$

(2) 点 Q の座標を $(x,\ y)$ とおくと

$$x=\frac{-3\cdot(-2)+2\cdot8}{2-3}=-22,\quad y=\frac{-3\cdot5+2\cdot1}{2-3}=13$$

よって，点 Q の座標は $(-22,\ 13)$

51a 基本

2 点 A$(1,\ 4)$，B$(-3,\ 5)$ を結ぶ線分 AB に対して，次の点の座標を求めよ。

(1) 3：1 に内分する点 P

(2) 2：1 に外分する点 Q

(3) 中点 M

51b 基本

2 点 A$(-2,\ 1)$，B$(-3,\ -4)$ を結ぶ線分 AB に対して，次の点の座標を求めよ。

(1) 2：3 に内分する点 P

(2) 3：5 に外分する点 Q

(3) 中点 M

例 47 点 A(3, 1) に関して，点 P(−2, 2) と対称な点 Q の座標を求めよ。

解答 点 Q の座標を (x, y) とおくと，線分 PQ の中点が A であるから

$$\frac{-2+x}{2}=3,\quad \frac{2+y}{2}=1$$

これを解いて　$x=8$, $y=0$

よって，点 Q の座標は　**(8, 0)**

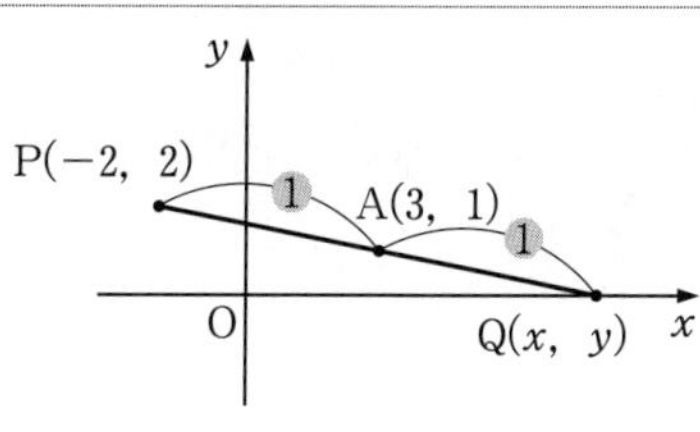

52a 標準 点 A(−2, 1) に関して，点 P(1, −2) と対称な点 Q の座標を求めよ。

52b 標準 点 A(3, −2) に関して，点 P(6, −5) と対称な点 Q の座標を求めよ。

KEY 38 三角形の重心の座標

3 点 $A(x_1,\ y_1)$, $B(x_2,\ y_2)$, $C(x_3,\ y_3)$ を頂点とする △ABC の重心 G の座標は

$$\left(\frac{x_1+x_2+x_3}{3},\ \frac{y_1+y_2+y_3}{3}\right)$$

例 48 3 点 A(5, 2), B(−2, 3), C(3, −2) を頂点とする △ABC の重心 G の座標を求めよ。

解答 点 G の座標を (x, y) とおくと　$x=\frac{5+(-2)+3}{3}=2$,　$y=\frac{2+3+(-2)}{3}=1$

よって，重心 G の座標は　**(2, 1)**

53a 基本 3 点 O(0, 0), A(1, 1), B(2, 5) を頂点とする △OAB の重心 G の座標を求めよ。

53b 基本 3 点 A(−2, 6), B(2, −1), C(4, 1) を頂点とする △ABC の重心 G の座標を求めよ。

検印

検印

3 直線の方程式

KEY 39 1点を通り，傾きが m の直線

点 $(x_1,\ y_1)$ を通り，傾きが m の直線の方程式は

$$y-y_1=m(x-x_1)$$

例 49 点 $(1,\ -2)$ を通り，傾きが -3 の直線の方程式を求めよ。

解答　$y-(-2)=-3(x-1)$　すなわち　$\boldsymbol{y=-3x+1}$

54a 基本 次の直線の方程式を求めよ。

(1) 点 $(2,\ 3)$ を通り，傾きが 5 の直線

(2) 点 $(3,\ -4)$ を通り，傾きが -1 の直線

54b 基本 次の直線の方程式を求めよ。

(1) 点 $(-5,\ 2)$ を通り，傾きが -2 の直線

(2) 点 $(-3,\ -1)$ を通り，傾きが -4 の直線

検印

KEY 40 2点を通る直線

2点 $(x_1,\ y_1)$，$(x_2,\ y_2)$ を通る直線の方程式は

$x_1 \neq x_2$ のとき　$y-y_1=\dfrac{y_2-y_1}{x_2-x_1}(x-x_1)$

$x_1=x_2$ のとき　$x=x_1$

例 50 次の2点を通る直線の方程式を求めよ。

(1) $(-2,\ 3)$，$(3,\ -2)$　(2) $(-1,\ -1)$，$(-1,\ 1)$

解答 (1) $y-3=\dfrac{-2-3}{3-(-2)}\{x-(-2)\}$　すなわち　$\boldsymbol{y=-x+1}$

(2) $\boldsymbol{x=-1}$

55a 基本 次の2点を通る直線の方程式を求めよ。

(1) $(-1,\ 1)$，$(2,\ 4)$

(2) $(10,\ 1)$，$(-3,\ 1)$

(3) $(1,\ -7)$，$(1,\ -4)$

55b 基本 次の2点を通る直線の方程式を求めよ。

(1) $(2,\ 3)$，$(-1,\ -3)$

(2) $(3,\ 0)$，$(0,\ -5)$

(3) $(-3,\ 0)$，$(-3,\ 5)$

考えてみよう 10 点(3, −2)を通り，x 軸に平行な直線の方程式と y 軸に平行な直線の方程式を，それぞれ求めてみよう。

検印

3章 図形と方程式

KEY 41 2直線の交点を通る直線

2直線の交点の座標は，その2直線の方程式を組み合わせた連立方程式の解として得られる。

例 51 2直線 $x-y-2=0$, $2x-y-5=0$ の交点Pと，点(−1, 2)を通る直線の方程式を求めよ。

解答 連立方程式 $\begin{cases} x-y-2=0 \\ 2x-y-5=0 \end{cases}$ を解くと，$x=3$, $y=1$ となるから，2直線の交点Pの座標は，(3, 1)である。

よって，求める直線は2点(3, 1), (−1, 2)を通るから，その方程式は

$$y-1=\frac{2-1}{-1-3}(x-3) \qquad \text{すなわち} \quad \boldsymbol{x+4y-7=0}$$

56a 標準 2直線 $y=-x+2$, $y=2x-7$ の交点Pと，点(4, 2)を通る直線の方程式を求めよ。

56b 標準 2直線 $2x-y+6=0$, $3x+2y-5=0$ の交点Pと，点(2, −3)を通る直線の方程式を求めよ。

検印

4 2直線の平行と垂直

KEY 42 2直線の平行条件と垂直条件

2直線 $y=mx+n$，$y=m'x+n'$ が
① 平行 $\Longleftrightarrow$ $m=m'$
② 垂直 $\Longleftrightarrow$ $mm'=-1$

例 52 次の直線のうち，互いに平行な直線はどれとどれか。

① $y=3x$　② $6x-2y+1=0$　③ $y=-x+3$　④ $x-3y-2=0$

解答 ① 傾きは 3　② 変形して $y=3x+\frac{1}{2}$　よって，傾きは 3

③ 傾きは -1　④ 変形して $y=\frac{1}{3}x-\frac{2}{3}$　よって，傾きは $\frac{1}{3}$

したがって，平行な直線は　①と②

57a 基本 次の直線のうち，互いに平行な直線はどれとどれか。

① $y=2x+3$　② $x+2y+3=0$
③ $y=-2x-1$　④ $6x-3y+2=0$

57b 基本 次の直線のうち，互いに平行な直線はどれとどれか。

① $y=x-1$　② $x+y=0$
③ $y=2x-2$　④ $2x+2y-1=0$

例 53 直線 $x+2y+6=0$ に垂直な直線の傾きを求めよ。

解答 求める直線の傾きを m とする。$x+2y+6=0$ は $y=-\frac{1}{2}x-3$ と変形できるから

$m\cdot\left(-\frac{1}{2}\right)=-1$　よって　$m=2$

58a 基本 次の直線に垂直な直線の傾きを求めよ。

(1) $y=-x+5$

(2) $4x-6y-3=0$

58b 基本 次の直線に垂直な直線の傾きを求めよ。

(1) $y=\frac{1}{4}x+2$

(2) $2x+3y-5=0$

例 54 次の直線の方程式を求めよ。

(1)　点 A(3, 1) を通り，直線 $2x+y-5=0$ に平行な直線

(2)　点 A(3, 1) を通り，直線 $2x+y-5=0$ に垂直な直線

解答　直線 $2x+y-5=0$ を ℓ とする。
直線 ℓ の方程式は $y=-2x+5$ と変形できるから，直線 ℓ の傾きは -2

(1)　点 A(3, 1) を通り，直線 ℓ に平行な直線の方程式は　$y-1=-2(x-3)$
すなわち　$\boldsymbol{y=-2x+7}$

(2)　直線 ℓ に垂直な直線の傾きを m とすると $-2\cdot m=-1$ より　$m=\frac{1}{2}$
したがって，点 A(3, 1) を通り，直線 ℓ に垂直な直線の方程式は
$y-1=\frac{1}{2}(x-3)$　　すなわち　$\boldsymbol{x-2y-1=0}$

59a 標準 次の直線の方程式を求めよ。

(1)　点 A(1, 2) を通り，直線 $y=x+2$ に平行な直線

(2)　点 A(1, 2) を通り，直線 $y=x+2$ に垂直な直線

59b 標準 次の直線の方程式を求めよ。

(1)　点 A(3, -2) を通り，直線 $2x-3y-5=0$ に平行な直線

(2)　点 A(3, -2) を通り，直線 $2x-3y-5=0$ に垂直な直線

考えてみよう 11　2 直線 $ax+2y+3=0$，$2x+3y+4=0$ が平行になるときと垂直になるときの定数 a の値を，それぞれ求めてみよう。

3章 図形と方程式

検印

KEY 43 点と直線の距離

点 $(x_1,\ y_1)$ と直線 $ax+by+c=0$ の距離 d は

$$d=\frac{|ax_1+by_1+c|}{\sqrt{a^2+b^2}}$$

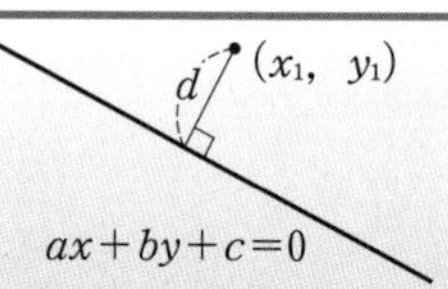

例 55 点 $(-2,\ 2)$ と直線 $3x+y-6=0$ の距離を求めよ。

解答 $\dfrac{|3\cdot(-2)+1\cdot2-6|}{\sqrt{3^2+1^2}}=\dfrac{|-10|}{\sqrt{10}}=\sqrt{10}$

60a 基本 次の点と直線の距離を求めよ。

(1) 点 $(1,\ 2)$, 直線 $2x-y-5=0$

(2) 原点, 直線 $3x+4y-12=0$

60b 基本 次の点と直線の距離を求めよ。

(1) 点 $(-2,\ 3)$, 直線 $3x-y+1=0$

(2) 点 $(-1,\ -3)$, 直線 $y=-\dfrac{3}{2}x+3$

考えてみよう 12 2 直線 $3x+2y=0$, $3x+2y-2=0$ の間の距離 d を求めてみよう。

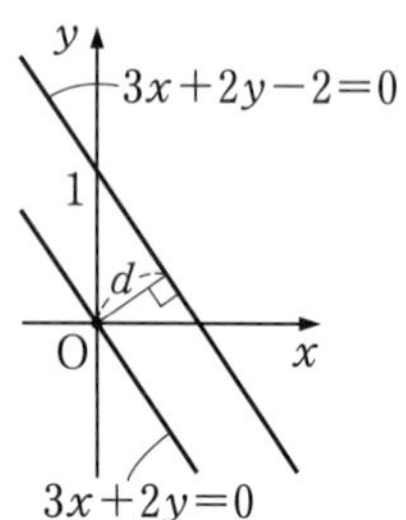

検印

例題 11　直線に関して対称な点

直線 $x-y-1=0$ に関して，点 A(3, 1) と対称な点 B の座標を求めよ。

【ガイド】 直線 ℓ に関して 2 点 A，B が対称であるための条件は，次の 2 つが同時に成り立つことである。
1 直線 AB と ℓ は垂直である。　**2** 線分 AB の中点は ℓ 上にある。

解答 直線 $x-y-1=0$ を ℓ とし，点 B の座標を $(a,\ b)$ とする。

直線 ℓ の傾きは 1，直線 AB の傾きは $\dfrac{b-1}{a-3}$ で，AB⊥ℓ であるから ◀**1**

$$1\cdot\frac{b-1}{a-3}=-1$$

すなわち　$a+b-4=0$　……①

また，線分 AB の中点 $\left(\dfrac{3+a}{2},\ \dfrac{1+b}{2}\right)$ は，直線 ℓ 上にあるから ◀**2**

$$\frac{3+a}{2}-\frac{1+b}{2}-1=0$$

すなわち　$a-b=0$　……②

①, ②を連立させて解くと　$a=2,\ b=2$

したがって，点 B の座標は　**(2, 2)**

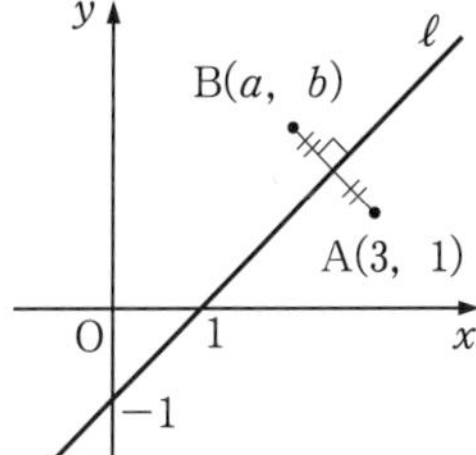

練習 11　直線 $x-2y-1=0$ に関して，点 A(6, 0) と対称な点 B の座標を求めよ。

検印

例題 12 三角形の面積

3 点 A(3, 6), B(1, 4), C(5, 1) について，次のものを求めよ。

(1) 線分 BC の長さ　　(2) 直線 BC の方程式

(3) 点 A と直線 BC の距離　　(4) $\triangle$ABC の面積 S

【ガイド】 (4) 底辺を BC とすると，高さは点 A と直線 BC の距離である。

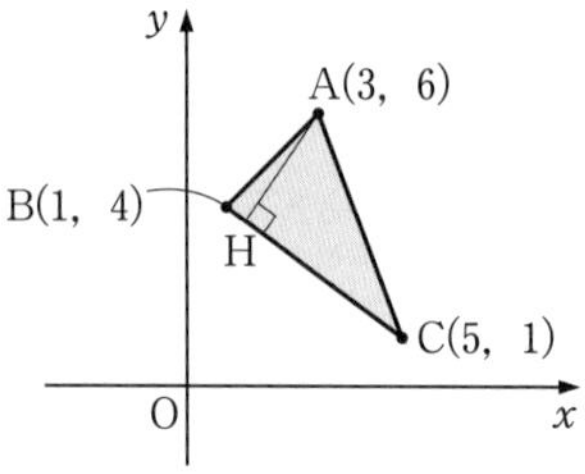

解答 (1) $\mathrm{BC}=\sqrt{(5-1)^2+(1-4)^2}=\sqrt{25}=\mathbf{5}$

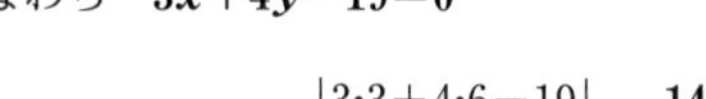

(2) $y-4=\dfrac{1-4}{5-1}(x-1)$　すなわち　$\mathbf{3x+4y-19=0}$

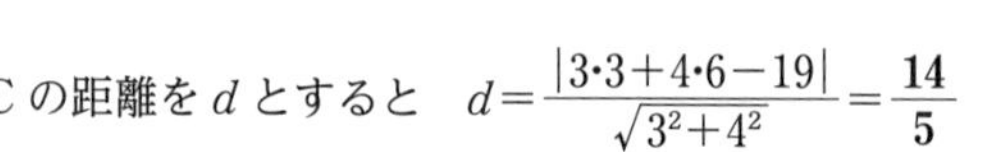

(3) 点 A と直線 BC の距離を d とすると　$d=\dfrac{|3\cdot3+4\cdot6-19|}{\sqrt{3^2+4^2}}=\mathbf{\dfrac{14}{5}}$

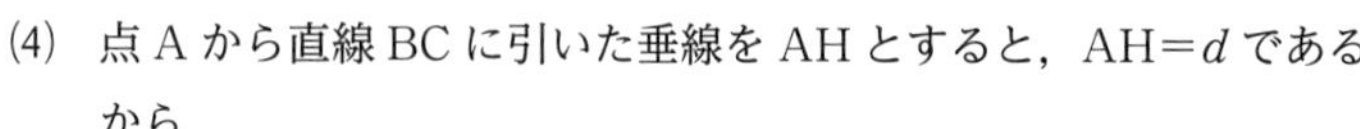

(4) 点 A から直線 BC に引いた垂線を AH とすると，AH$=d$ であるから

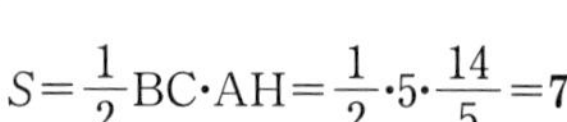

$$S=\frac{1}{2}\mathrm{BC}\cdot\mathrm{AH}=\frac{1}{2}\cdot5\cdot\frac{14}{5}=\mathbf{7}$$

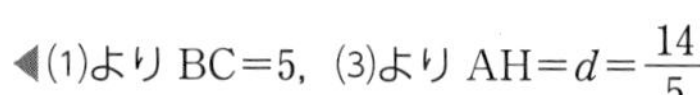

◀(1)より BC$=5$, (3)より AH$=d=\dfrac{14}{5}$

別解 (4) 右の図のような長方形 DCEF から，3 つの直角三角形を引いて

$$S=5\cdot4-\left\{\frac{1}{2}\cdot4\cdot3+\frac{1}{2}\cdot5\cdot2+\frac{1}{2}\cdot2\cdot2\right\}$$
$$=7$$

◀長方形 DCEF $-(\triangle\mathrm{BDC}+\triangle\mathrm{CEA}+\triangle\mathrm{AFB})$

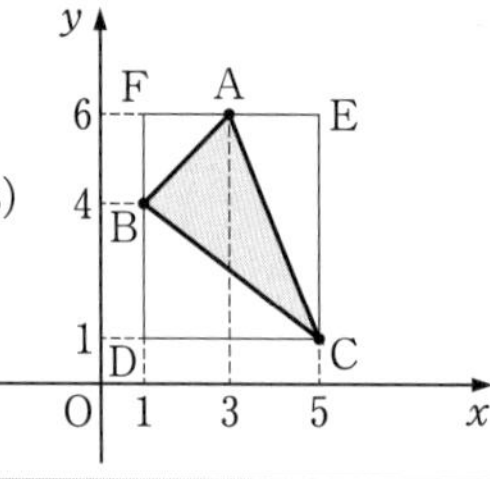

練習 12

3 点 A(−4, 5), B(−5, −2), C(3, 2) について，次のものを求めよ。

(1) 線分 BC の長さ

(2) 直線 BC の方程式

(3) 点 A と直線 BC の距離

(4) $\triangle$ABC の面積 S

検印

例題 13 2直線の交点を通る直線

2直線 $x-y-1=0$，$x+2y-4=0$ の交点と，点 $(1,\ 3)$ を通る直線の方程式を求めよ。

【ガイド】このタイプの問題は，p.55の例51で学習したが，次のことを用いて解くこともできる。
k を定数として，方程式

$$x-y-1+k(x+2y-4)=0 \qquad \cdots\cdots①$$

は2直線の交点を通る直線を表す。
①に通るもう1点の座標 $x=1$，$y=3$ を代入して k を定める。

解答 2直線 $x-y-1=0$，$x+2y-4=0$ の交点を通る直線の方程式は，k を定数として

$$x-y-1+k(x+2y-4)=0 \qquad \cdots\cdots①$$

と表すことができる。
①に $x=1$，$y=3$ を代入すると　$k=1$
これを①に代入して　$x-y-1+(x+2y-4)=0$
すなわち　$\boldsymbol{2x+y-5=0}$

練習 13 次の直線の方程式を求めよ。

(1) 2直線 $2x-3y+4=0$，$x+2y-5=0$ の交点と，点 $(5,\ -2)$ を通る直線

(2) 2直線 $3x-4y-6=0$，$x+y-2=0$ の交点と，点 $(2,\ 2)$ を通る直線

検印

例題 14 図形の性質の証明

$\triangle$ABC の辺 BC を 2：1 に内分する点を D とするとき，等式

$$AB^2+2AC^2=3(AD^2+2CD^2)$$

が成り立つことを証明せよ。

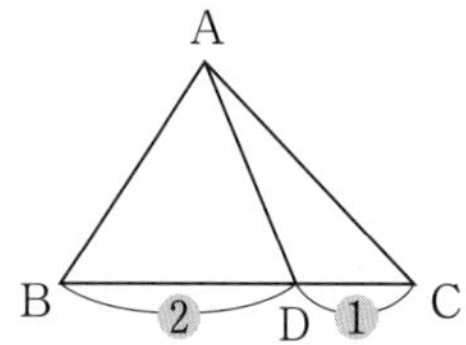

【ガイド】 線分の長さの計算が簡単になるように座標軸を設定する。点 D を原点，辺 BC を x 軸上に設定すればよい。

証明 点 D を原点，辺 BC を x 軸上にとると，右の図のように 3 点 A，B，C の座標はそれぞれ　A$(a,\ b)$，B$(-2c,\ 0)$，C$(c,\ 0)$ と表すことができる。

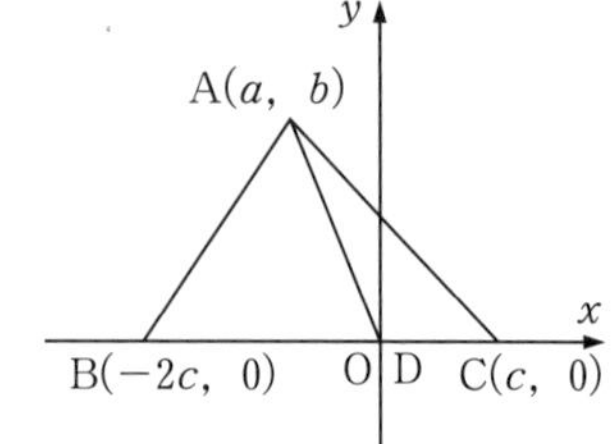

このとき

$$AB^2+2AC^2=\{(a+2c)^2+b^2\}+2\{(a-c)^2+b^2\}$$
$$=3(a^2+b^2+2c^2)$$
$$3(AD^2+2CD^2)=3\{(a^2+b^2)+2c^2\}=3(a^2+b^2+2c^2)$$

よって　$AB^2+2AC^2=3(AD^2+2CD^2)$

練習 14 $\triangle$ABC の辺 BC を 1：3 に内分する点を D とするとき，等式

$$3AB^2+AC^2=4(AD^2+3BD^2)$$

が成り立つことを証明せよ。

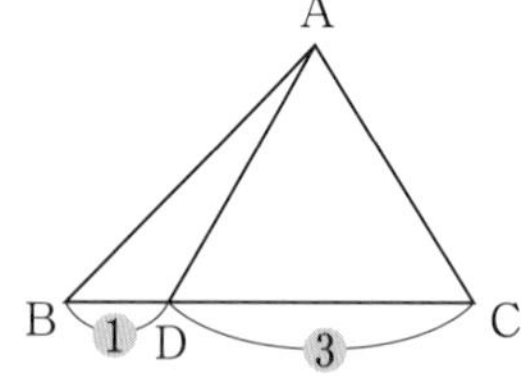

検印

1 円の方程式

KEY 44 円の方程式

点 $(a,\ b)$ を中心とし，半径が r の円の方程式は　$(x-a)^2+(y-b)^2=r^2$
とくに，原点 $(0,\ 0)$ を中心とし，半径が r の円の方程式は　$x^2+y^2=r^2$

例 56 点 $(1,\ -2)$ を中心とし，半径が 3 の円の方程式を求めよ。

解答　$(x-1)^2+\{y-(-2)\}^2=3^2$　すなわち　$(x-1)^2+(y+2)^2=9$

61a 基本 次の円の方程式を求めよ。

(1) 点 $(1,\ 2)$ を中心とし，半径が 2 の円

(2) 原点を中心とし，半径が $\sqrt{6}$ の円

61b 基本 次の円の方程式を求めよ。

(1) 点 $(2,\ -1)$ を中心とし，半径が 5 の円

(2) 点 $(0,\ -1)$ を中心とし，半径が $\dfrac{1}{2}$ の円

62a 基本 次の円の中心と半径を求めよ。

(1) $(x-1)^2+(y-5)^2=5$

(2) $(x-4)^2+(y+3)^2=1$

62b 基本 次の円の中心と半径を求めよ。

(1) $(x+6)^2+(y-1)^2=4$

(2) $(x+2)^2+y^2=7$

例 57 次の円の方程式を求めよ。

(1) 点 C(2, 1) を中心とし，点 A(−1, 5) を通る円

(2) 2 点 A(3, −2), B(5, 4) を直径の両端とする円

解答 (1) 半径を r とすると　$r=\mathrm{CA}=\sqrt{(-1-2)^2+(5-1)^2}=5$

であるから，求める方程式は　$\boldsymbol{(x-2)^2+(y-1)^2=25}$

(2) 求める円の中心を C(a, b), 半径を r とする。

中心 C は線分 AB の中点であるから　$a=\dfrac{3+5}{2}=4$, $b=\dfrac{-2+4}{2}=1$

よって　C(4, 1)　また，$r=\mathrm{CA}$ であるから　$r=\sqrt{(3-4)^2+(-2-1)^2}=\sqrt{10}$

したがって，求める円の方程式は　$\boldsymbol{(x-4)^2+(y-1)^2=10}$

63a 基本 点 C(2, −1) を中心とし，点 A(5, 3) を通る円の方程式を求めよ。

63b 基本 点 C(−1, $\sqrt{3}$) を中心とし，点 A(−2, 0) を通る円の方程式を求めよ。

64a 標準 2 点 A(1, 4), B(5, 6) を直径の両端とする円の方程式を求めよ。

64b 標準 2 点 A(2, 3), B(4, −7) を直径の両端とする円の方程式を求めよ。

考えてみよう 13 点 (−2, 3) を中心とし，x 軸に接する円の方程式を求めてみよう。

検印

KEY 45 $x^2+y^2+\ell x+my+n=0$ の表す図形

円の方程式は，定数 ℓ，m，n を用いて　$x^2+y^2+\ell x+my+n=0$　の形で表すこともできる。
$(x-a)^2+(y-b)^2=r^2$ の形に変形すれば，円の中心と半径を求めることができる。

例 58 方程式 $x^2+y^2+10x-12y+45=0$ の表す図形を図示せよ。

解答 与えられた方程式を変形すると

$$(x^2+10x)+(y^2-12y)=-45$$
$$(x+5)^2-5^2+(y-6)^2-6^2=-45$$

すなわち　$(x+5)^2+(y-6)^2=4^2$

よって，この方程式の表す図形は，
中心 $(-5,\ 6)$，半径 4 の円であり，
右の図のようになる。

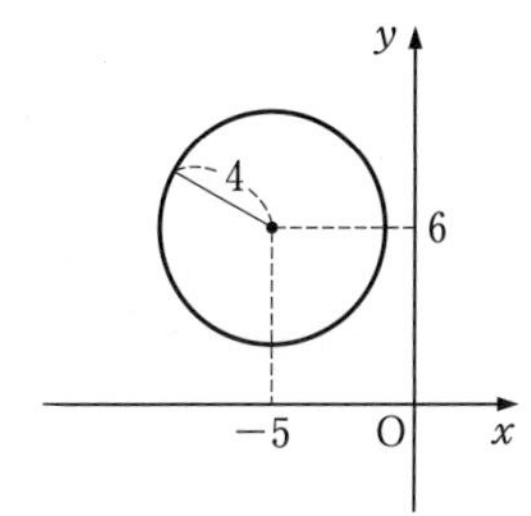

65a 基本 次の方程式の表す図形を図示せよ。

(1)　$x^2+y^2+6x-4y-12=0$

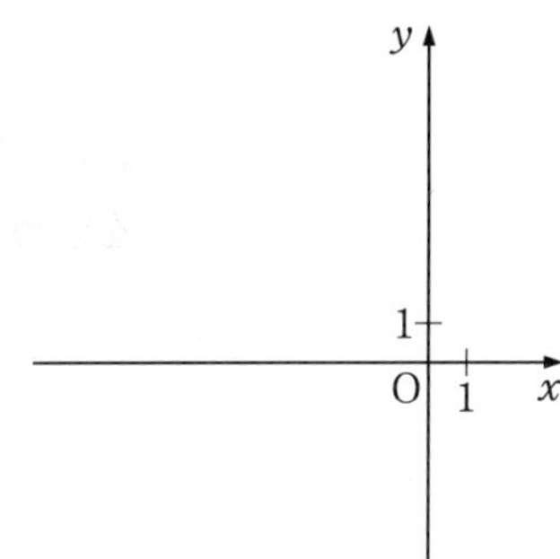

(2)　$x^2+y^2-8x=0$

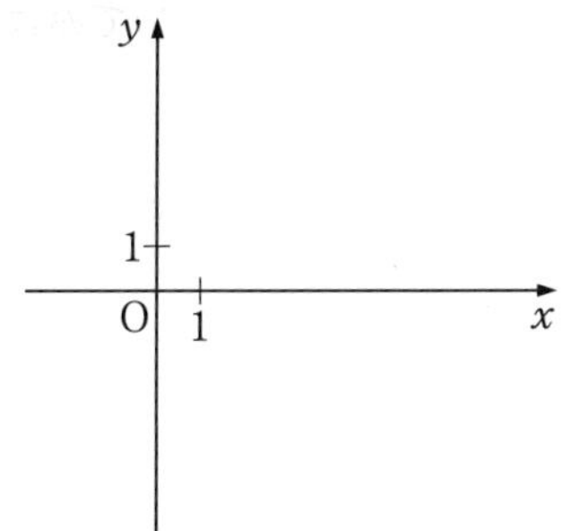

65b 基本 次の方程式の表す図形を図示せよ。

(1)　$x^2+y^2+8x+2y+8=0$

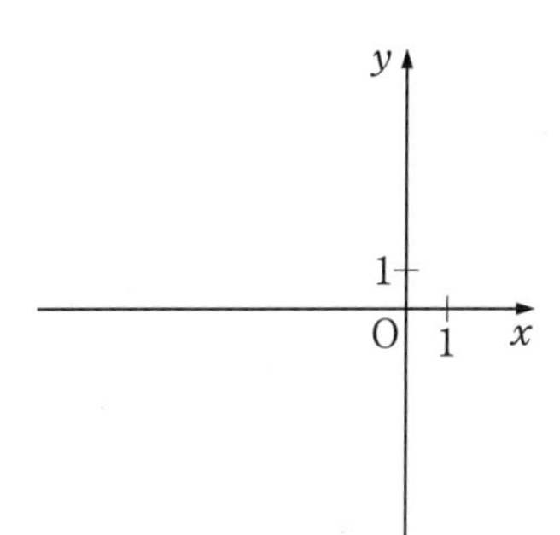

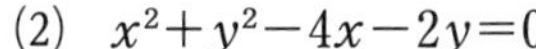

(2)　$x^2+y^2-4x-2y=0$

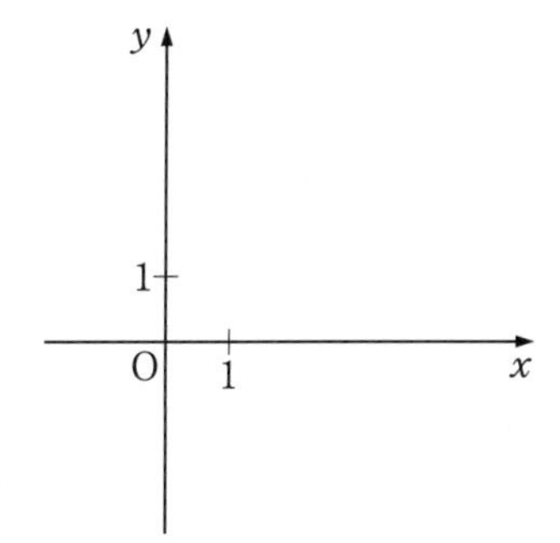

検印

KEY 46 3点を通る円の方程式

求める円の方程式を $x^2+y^2+\ell x+my+n=0$ とする。
与えられた3点の座標をこの式に代入して得られる連立方程式を解く。

例 59 3点 A(1, 1), B(1, 3), C(4, 0) を通る円の方程式を求めよ。

解答 求める円の方程式を $x^2+y^2+\ell x+my+n=0$ とおく。

点 A(1, 1) を通るから　$1+1+\ell+m+n=0$

点 B(1, 3) を通るから　$1+9+\ell+3m+n=0$

点 C(4, 0) を通るから　$16+4\ell+n=0$

これらを整理すると　$\begin{cases} \ell+m+n=-2 & \cdots\cdots① \\ \ell+3m+n=-10 & \cdots\cdots② \\ 4\ell+n=-16 & \cdots\cdots③ \end{cases}$

①−②から　$-2m=8$　　よって　$m=-4$　……④

①−③から　$-3\ell+m=14$　　④を代入して　$\ell=-6$

これを③に代入して　$n=8$

したがって，求める円の方程式は　$\boldsymbol{x^2+y^2-6x-4y+8=0}$

66a 標準 3点 O(0, 0), A(1, 5), B(−4, 6) を通る円の方程式を求めよ。

66b 標準 3点 A(0, 1), B(−1, 2), C(2, 3) を通る円の方程式を求めよ。

検印

2 円と直線の共有点

KEY 47 円と直線の共有点の座標は，それらの方程式を連立させて求めることができる。

共有点の座標

例 60 円 $x^2+y^2=4$ と直線 $y=x-2$ との共有点の座標を求めよ。

解答 連立方程式 $\begin{cases} x^2+y^2=4 & \cdots\cdots① \\ y=x-2 & \cdots\cdots② \end{cases}$ を解く。

②を①に代入すると　$x^2+(x-2)^2=4$

整理して　$x^2-2x=0$　　　$x(x-2)=0$ から　$x=0,\ 2$

②に代入して $x=0$ のとき　$y=-2$,

$x=2$ のとき　$y=0$

よって，求める座標は　**(0, −2)，(2, 0)**

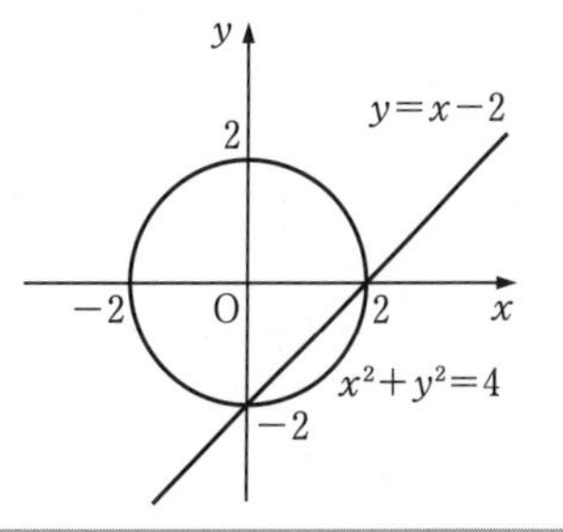

67a 基本 次の円と直線の共有点の座標を求めよ。

(1)　$x^2+y^2=1$,　$y=x+1$

(2)　$x^2+y^2=2$,　$x-y+2=0$

67b 基本 次の円と直線の共有点の座標を求めよ。

(1)　$x^2+y^2=25$,　$x+2y-5=0$

(2)　$x^2+y^2+5y-15=0$,　$y=2x$

検印

KEY 48 円と直線の位置関係(1)

円と直線の方程式から y を消去して得られる x の 2 次方程式の判別式を D とすると

$D>0 \iff$ 円と直線は異なる 2 点で交わる。　共有点の個数は 2 個

$D=0 \iff$ 直線は円に接する。　共有点の個数は 1 個

$D<0 \iff$ 円と直線は交わらない。　共有点の個数は 0 個

例 61

円 $x^2+y^2=5$ と直線 $y=-2x+n$ が共有点をもつとき，定数 n の値の範囲を求めよ。

解答　$x^2+y^2=5$ と $y=-2x+n$ から y を消去して　$x^2+(-2x+n)^2=5$

整理すると　$5x^2-4nx+n^2-5=0$

判別式を D とすると，円と直線が共有点をもつのは，$D \geqq 0$ のときである。

$D=(-4n)^2-4\cdot5(n^2-5)=-4n^2+100$ から　$-4n^2+100 \geqq 0$

すなわち　$(n+5)(n-5) \leqq 0$　よって　$\boldsymbol{-5 \leqq n \leqq 5}$

68a 標準

円 $x^2+y^2=2$ と直線 $y=x+n$ について，次の問いに答えよ。

(1) 円と直線が異なる 2 点で交わるとき，定数 n の値の範囲を求めよ。

(2) 円と直線が共有点をもたないとき，定数 n の値の範囲を求めよ。

68b 標準

円 $x^2+y^2=1$ と直線 $y=2x+n$ について，次の問いに答えよ。

(1) 円と直線が共有点をもつとき，定数 n の値の範囲を求めよ。

(2) 円と直線が接するとき，定数 n の値を求めよ。

検印

KEY 49 円と直線の位置関係(2)

半径 r の円の中心から直線 ℓ までの距離を d とすると

$d<r \iff$ 円と直線の共有点は 2 個

$d=r \iff$ 円と直線の共有点は 1 個

$d>r \iff$ 円と直線の共有点は 0 個

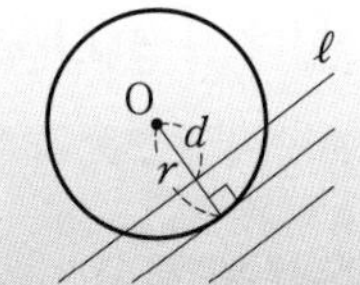

例 62 円 $x^2+y^2=r^2$ と直線 $4x-3y-5=0$ が接するとき，円の半径 r の値を求めよ。

解答 円の中心と直線 $4x-3y-5=0$ の距離を d とすると，円と直線が接するとき，$r=d$ が成り立つ。

円の中心は原点 $(0,\ 0)$ であるから　$d=\dfrac{|4\cdot0-3\cdot0-5|}{\sqrt{4^2+(-3)^2}}=\dfrac{|-5|}{\sqrt{25}}=1$

よって　$r=1$

69a 標準 円 $x^2+y^2=r^2$ と直線 $3x-y+10=0$ が接するとき，円の半径 r の値を求めよ。

69b 標準 円 $x^2+y^2=r^2$ と直線 $2x+3y-7=0$ が異なる 2 点で交わるとき，円の半径 r の値の範囲を求めよ。

考えてみよう 14 円 $(x+2)^2+(y-3)^2=5$ と直線 $y=2x+n$ が接するとき，定数 n の値を求めてみよう。

検印

3 円の接線の方程式

KEY 50 円 $x^2+y^2=r^2$ 上の点 $(x_1,\ y_1)$ における接線の方程式は　$x_1x+y_1y=r^2$

円の接線の方程式

例 63 円 $x^2+y^2=12$ 上の点 $(2,\ -2\sqrt{2})$ における接線の方程式を求めよ。

解答　$2x+(-2\sqrt{2})y=12$　すなわち　$x-\sqrt{2}y=6$

70a 基本 次の円上の点Pにおける接線の方程式を求めよ。

(1) $x^2+y^2=10$, $\mathrm{P}(1,\ 3)$

(2) $x^2+y^2=4$, $\mathrm{P}(\sqrt{3},\ -1)$

(3) $x^2+y^2=20$, $\mathrm{P}(4,\ 2)$

(4) $x^2+y^2=1$, $\mathrm{P}(0,\ 1)$

70b 基本 次の円上の点Pにおける接線の方程式を求めよ。

(1) $x^2+y^2=5$, $\mathrm{P}(-2,\ 1)$

(2) $x^2+y^2=13$, $\mathrm{P}(-3,\ -2)$

(3) $x^2+y^2=16$, $\mathrm{P}(2,\ -2\sqrt{3})$

(4) $x^2+y^2=4$, $\mathrm{P}(-2,\ 0)$

検印

KEY 51 円上の点 $(x_1,\ y_1)$ における接線が，円外の点を通ると考えて，$x_1,\ y_1$ を求める。

円外の点から引いた接線

例 64 点 A(2, 6) から，円 $x^2+y^2=20$ に引いた接線の方程式を求めよ。

解答 接点を $P(x_1,\ y_1)$ とおくと，接線の方程式は　$x_1x+y_1y=20$　……①

これが点 A(2, 6) を通るから　$2x_1+6y_1=20$

すなわち　$x_1+3y_1=10$　……②

また，点 P は円上の点であるから

$x_1^2+y_1^2=20$　……③

②，③から x_1 を消去して整理すると　$y_1^2-6y_1+8=0$

$(y_1-2)(y_1-4)=0$ から　$y_1=2,\ 4$

②から　$y_1=2$ のとき　$x_1=4$

$y_1=4$ のとき　$x_1=-2$

したがって，①から求める接線の方程式は

$\boldsymbol{2x+y=10}$,　$\boldsymbol{x-2y=-10}$

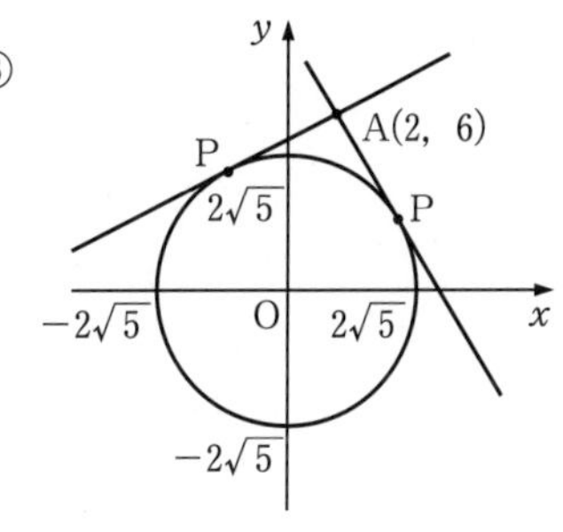

71a 標準 点 A(5, 1) から，円 $x^2+y^2=13$ に引いた接線の方程式を求めよ。

71b 標準 点 A(−1, 3) から，円 $x^2+y^2=1$ に引いた接線の方程式を求めよ。

検印

例題 15　円によって切り取られる線分の長さ

直線 $x+y-4=0$ と円 $(x-2)^2+(y-1)^2=5$ の 2 つの交点を A，B とするとき，線分 AB の長さを求めよ。

【ガイド】 円の中心 C から直線 AB に垂線 CH を引くと，H は線分 AB の中点である。このとき，△CAH が直角三角形であることに着目して，AH の長さを求める。

解答 円の中心 C から直線 AB に垂線 CH を引くと，CH は円の中心 C(2, 1) と直線 $x+y-4=0$ の距離であるから

$$CH=\frac{|1\cdot 2+1\cdot 1-4|}{\sqrt{1^2+1^2}}=\frac{1}{\sqrt{2}}$$

また，CA は円の半径であるから

$$CA=\sqrt{5}$$

直角三角形 CAH において，三平方の定理により

$$AH=\sqrt{CA^2-CH^2}$$

$$=\sqrt{(\sqrt{5})^2-\left(\frac{1}{\sqrt{2}}\right)^2}=\sqrt{\frac{9}{2}}=\frac{3\sqrt{2}}{2}$$

点 H は線分 AB の中点であるから

$$AB=2AH=\boldsymbol{3\sqrt{2}}$$

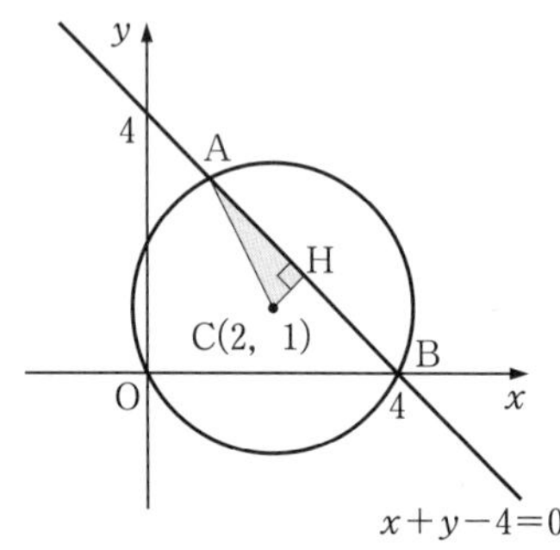

練習 15 直線 $2x-y+5=0$ と円 $(x+2)^2+(y+4)^2=9$ の 2 つの交点を A，B とするとき，線分 AB の長さを求めよ。

検印

3節 軌跡と領域

1 軌跡と方程式

KEY 52 軌跡の求め方

条件を満たす点Pの軌跡を求める手続きは，次のようになる。

1. 条件を満たす点Pの座標を $(x,\ y)$ とおき，条件から x，y の関係式を求めて方程式で表す。
2. 求めた方程式がどのような図形を表すか調べる。
3. 調べた図形上のすべての点Pが，与えられた条件を満たすことを確かめる。

ただし，3が明らかな場合は省略してもよい。

例 65 2点 $A(-2,\ 0)$，$B(0,\ 1)$ から等距離にある点Pの軌跡を求めよ。

解答 点Pの座標を $(x,\ y)$ とおくと，

$AP=BP$ より　$AP^2=BP^2$

よって　$(x+2)^2+y^2=x^2+(y-1)^2$

整理すると　$4x+2y+3=0$

したがって，点Pの軌跡は，**直線 $4x+2y+3=0$** である。

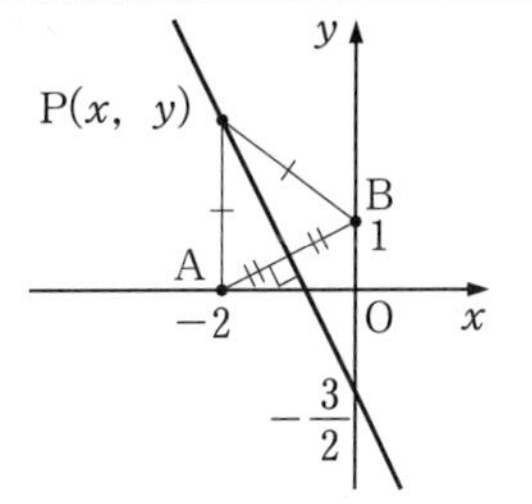

72a 基本 2点 $A(-1,\ 0)$，$B(3,\ 2)$ から等距離にある点Pの軌跡を求めよ。

72b 基本 2点 $A(1,\ 3)$，$B(4,\ 1)$ から等距離にある点Pの軌跡を求めよ。

73a 基本 2点 $A(2,\ 0)$，$B(0,\ 4)$ に対して，$AP^2-BP^2=4$ を満たす点Pの軌跡を求めよ。

73b 基本 2点 $A(-3,\ 0)$，$B(3,\ 0)$ に対して，$AP^2+BP^2=20$ を満たす点Pの軌跡を求めよ。

例 66　2点 A$(-2,\ 0)$，B$(6,\ 0)$ に対して，AP：BP＝3：1 を満たす点 P の軌跡を求めよ。

解答　点 P の座標を $(x,\ y)$ とおく。

AP：BP＝3：1 から　AP＝3BP

すなわち　$AP^2=9BP^2$

これから　$(x+2)^2+y^2=9\{(x-6)^2+y^2\}$

整理すると　$x^2-14x+y^2+40=0$

すなわち　$(x-7)^2+y^2=9$

よって，点 P の軌跡は，**中心 $(7,\ 0)$，半径 3 の円**である。

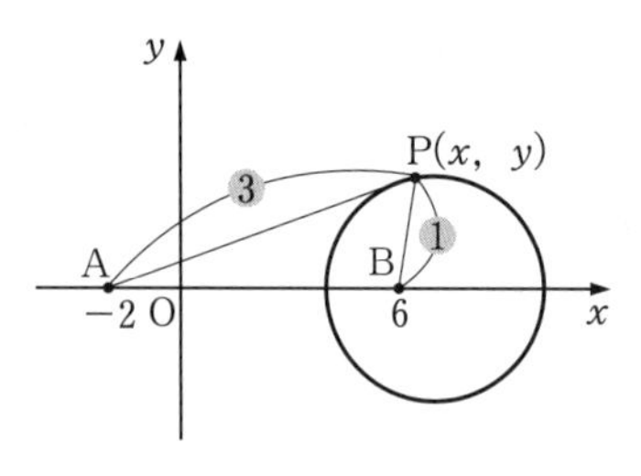

74a 標準　2点 A$(1,\ 0)$，B$(6,\ 0)$ に対して，AP：BP＝2：3 を満たす点 P の軌跡を求めよ。

74b 標準　2点 A$(0,\ -1)$，B$(0,\ 2)$ に対して，AP：BP＝2：1 を満たす点 P の軌跡を求めよ。

検印

KEY 53 ともなって動く点の軌跡

ある条件を満たしながら動く点 Q があるとき，それにともなって動く点 P の軌跡を求める手続きは，次のようになる。

1. 点 P の座標を $(x,\ y)$ とおき，点 Q の座標を $(s,\ t)$ とおく。
2. 点 Q の満たす条件を s，t の方程式で表す。
3. 2の式と，$(s,\ t)$ と $(x,\ y)$ との関係を表す式から，x，y の方程式を導く。

例 67 点 Q が円 $x^2+y^2=9$ 上を動くとき，点 A(6, 0) と点 Q を結ぶ線分 AQ の中点 P の軌跡を求めよ。

解答 点 P と点 Q の座標をそれぞれ $(x,\ y)$，$(s,\ t)$ とおく。

点 Q は与えられた円上にあるから　$s^2+t^2=9$　……①

また，点 P は線分 AQ の中点であるから

$$x=\frac{6+s}{2},\quad y=\frac{0+t}{2}$$

すなわち　$s=2x-6,\quad t=2y$

これを①に代入して　$(2x-6)^2+(2y)^2=9$

整理すると　$(x-3)^2+y^2=\dfrac{9}{4}$

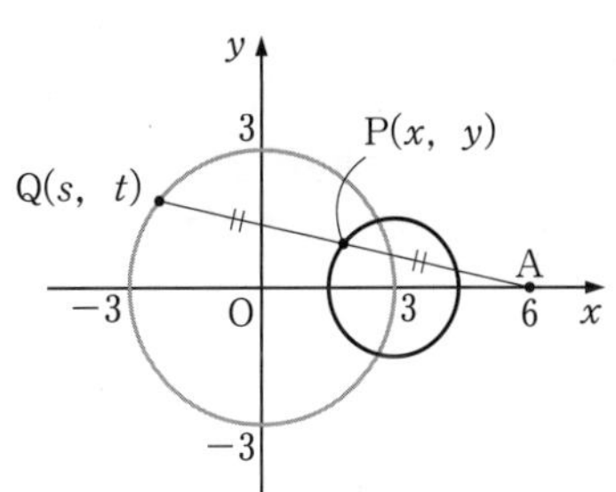

よって，点 P の軌跡は，**中心 (3, 0)，半径 $\dfrac{3}{2}$ の円**である。

75a 標準 点 Q が円 $x^2+y^2=1$ 上を動くとき，点 A(0, 2) と点 Q を結ぶ線分 AQ の中点 P の軌跡を求めよ。

75b 標準 点 Q が円 $x^2+y^2=9$ 上を動くとき，点 A(6, 0) と点 Q を結ぶ線分 AQ を 1：2 に内分する点 P の軌跡を求めよ。

検印

2 不等式の表す領域

KEY 54 直線で分けられる領域

$y>mx+n$ の表す領域は，$y=mx+n$ の上側（右の図の①）
$y<mx+n$ の表す領域は，$y=mx+n$ の下側（右の図の②）

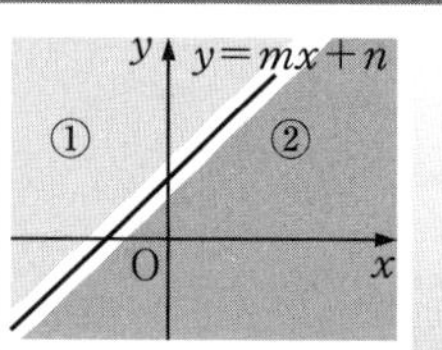

例 68 不等式 $2x+y-1\geqq0$ の表す領域を図示せよ。

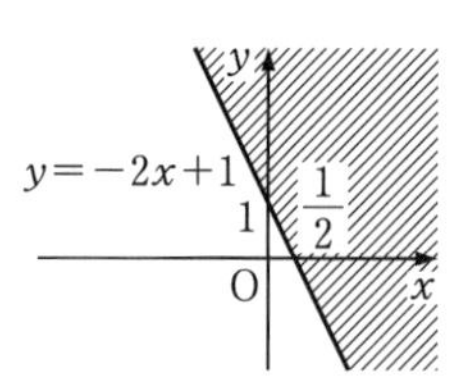

解答 $y\geqq-2x+1$ と変形できるから，
求める領域は直線 $y=-2x+1$ およびその上側で，右の図の斜線部分である。ただし，境界線を含む。

76a 基本 次の不等式の表す領域を図示せよ。

(1) $y>3x-2$

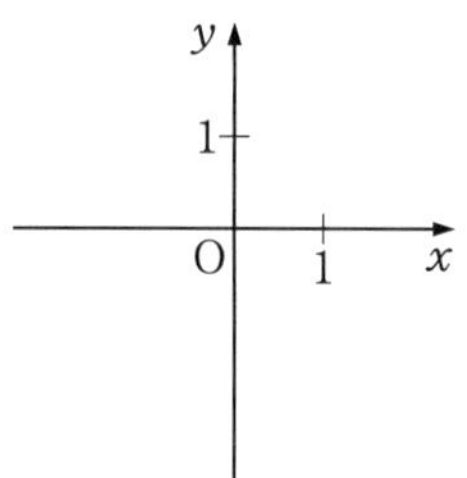

(2) $x+y\leqq-1$

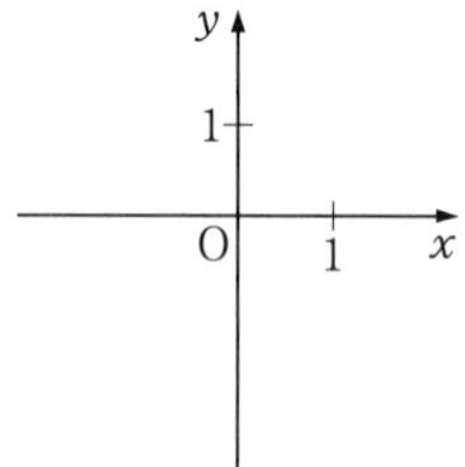

(3) $x+4y-8<0$

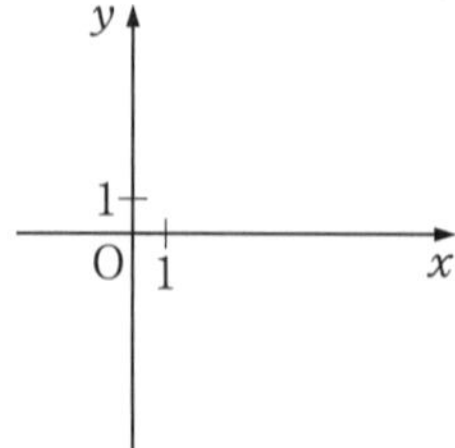

76b 基本 次の不等式の表す領域を図示せよ。

(1) $y\leqq-x+2$

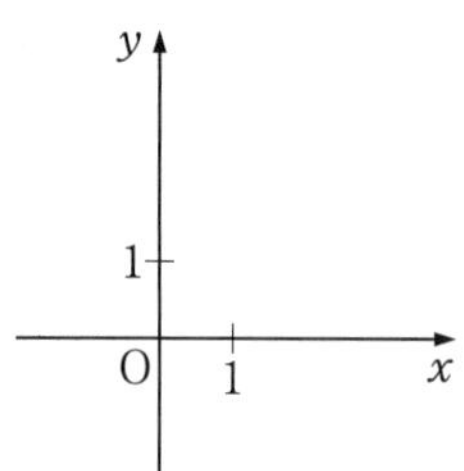

(2) $4x-y+1<0$

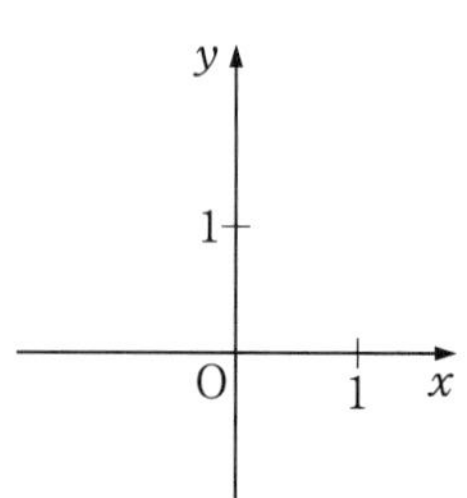

(3) $3x+2y-6\geqq0$

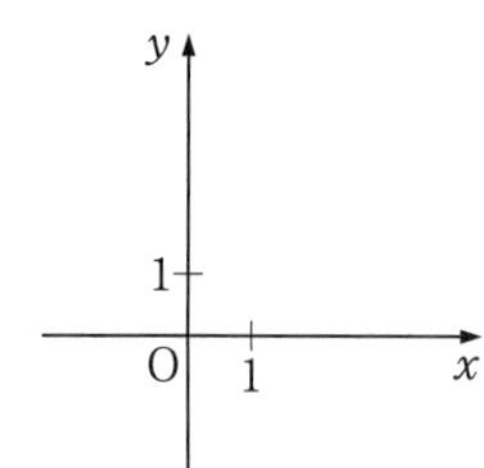

77a 基本 不等式 $y \geqq 3$ の表す領域を図示せよ。

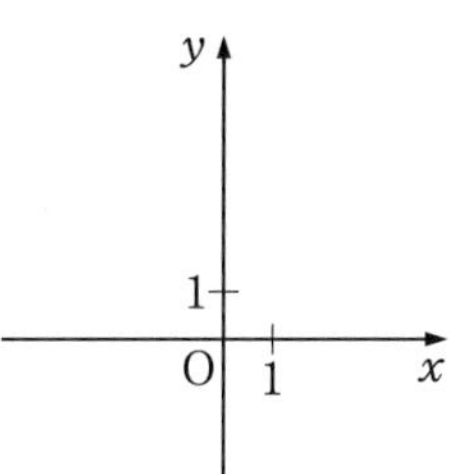

77b 基本 不等式 $3y+4<0$ の表す領域を図示せよ。

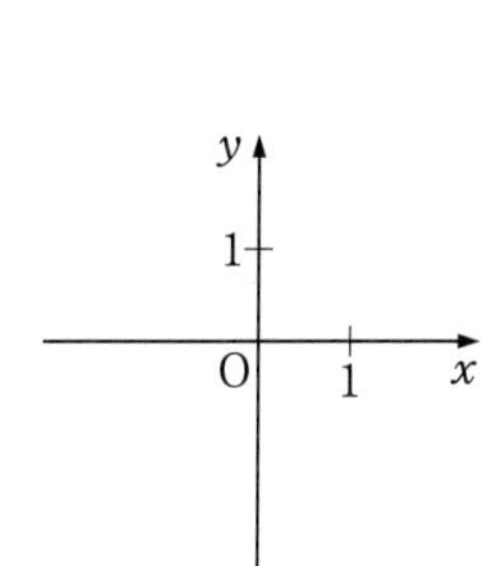

KEY 55 y 軸に平行な直線で分けられる領域

$x<a$ の表す領域は，$x=a$ の左側（右の図の①）
$x>a$ の表す領域は，$x=a$ の右側（右の図の②）

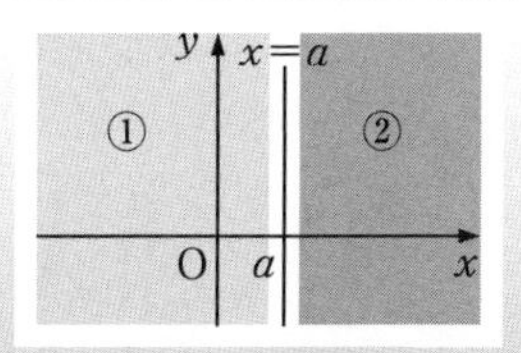

例 69 不等式 $x>-2$ の表す領域を図示せよ。

解答 求める領域は直線 $x=-2$ の右側で，右の図の斜線部分である。ただし，境界線を含まない。

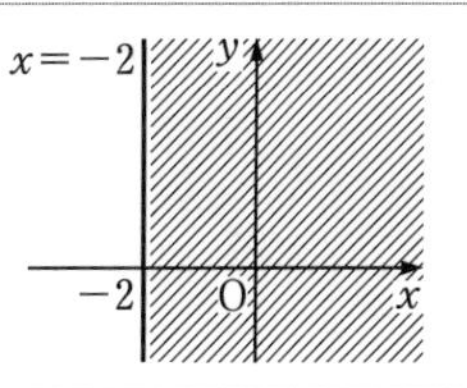

78a 基本 不等式 $x<4$ の表す領域を図示せよ。

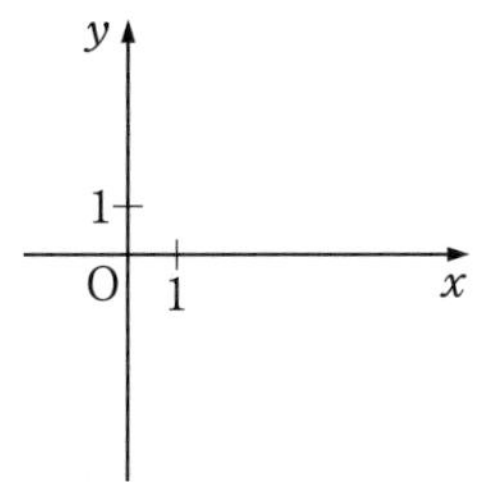

78b 基本 不等式 $2x+5 \geqq 0$ の表す領域を図示せよ。

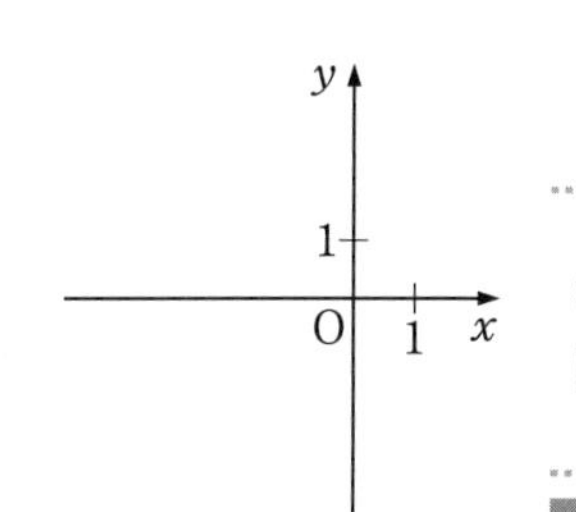

検印

検印

KEY 56 円で分けられる領域

円 $(x-a)^2+(y-b)^2=r^2$ を C とする。
$(x-a)^2+(y-b)^2<r^2$ の表す領域は，円 C の内部
$(x-a)^2+(y-b)^2>r^2$ の表す領域は，円 C の外部

例 70 不等式 $x^2+y^2-4x\leqq 0$ の表す領域を図示せよ。

解答 $(x-2)^2+y^2\leqq 4$ と変形できるから，
求める領域は円 $(x-2)^2+y^2=4$ およびその内部で，
右の図の斜線部分である。
ただし，境界線を含む。

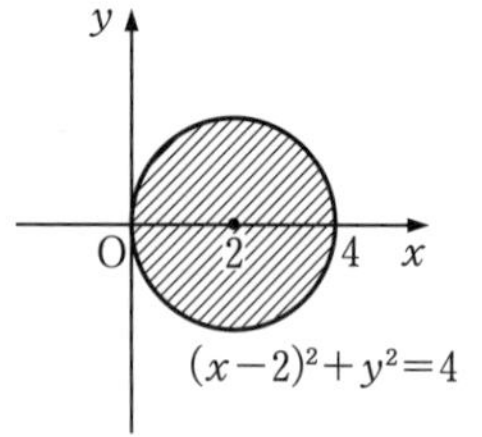

79a 基本 次の不等式の表す領域を図示せよ。

(1) $x^2+y^2<4$

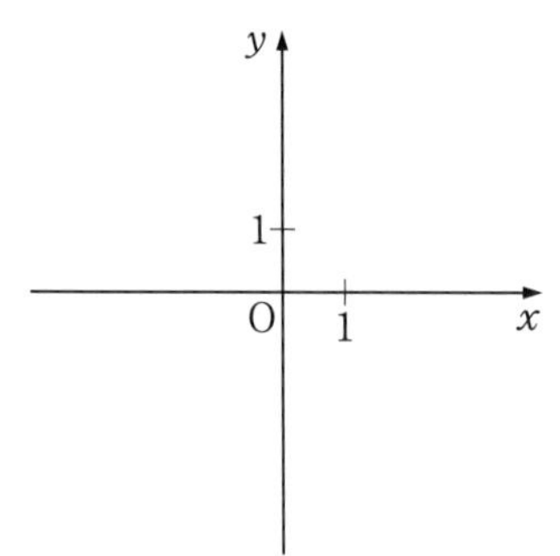

(2) $x^2+y^2-6y\geqq 0$

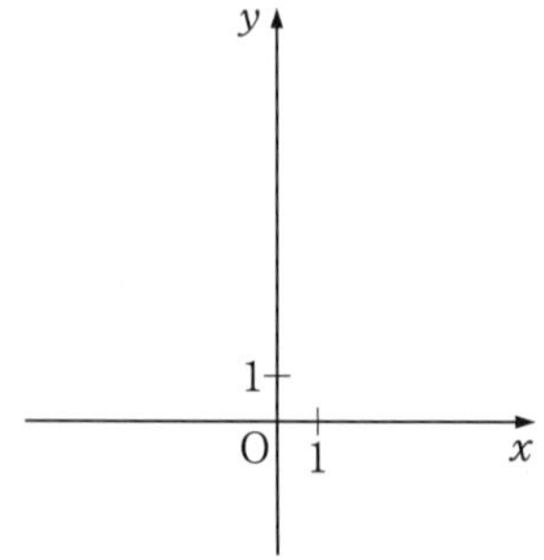

79b 基本 次の不等式の表す領域を図示せよ。

(1) $(x+2)^2+y^2\geqq 16$

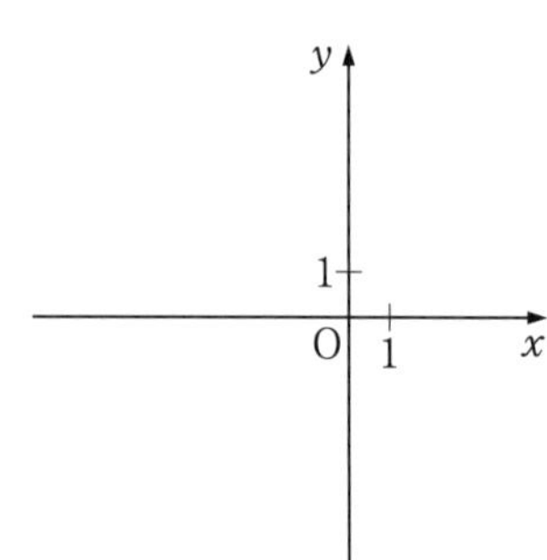

(2) $x^2+y^2-2x+4y-4<0$

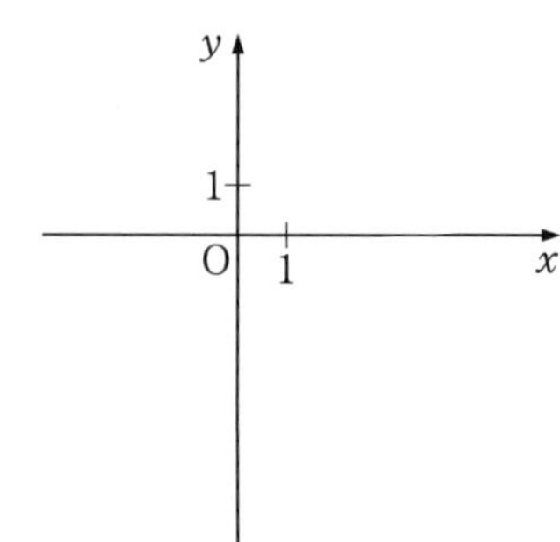

検印

3 連立不等式の表す領域

KEY 57 それぞれの不等式の表す領域の共通部分を求めればよい。

連立不等式の表す領域

例 71 連立不等式 $\begin{cases} y<-2x & \cdots\cdots① \\ y>x+2 & \cdots\cdots② \end{cases}$ の表す領域を図示せよ。

解答 不等式①の表す領域は，直線 $y=-2x$ の下側である。
不等式②の表す領域は，直線 $y=x+2$ の上側である。
よって，連立不等式の表す領域は，右の図の斜線部分である。
ただし，境界線を含まない。

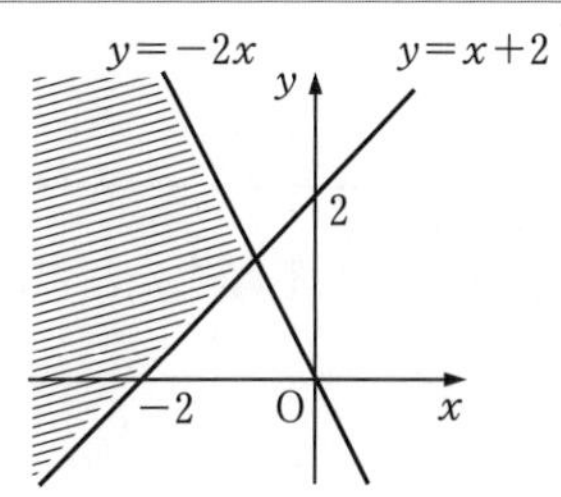

80a 基本 次の連立不等式の表す領域を図示せよ。

(1) $\begin{cases} y<2x \\ y>-x-3 \end{cases}$

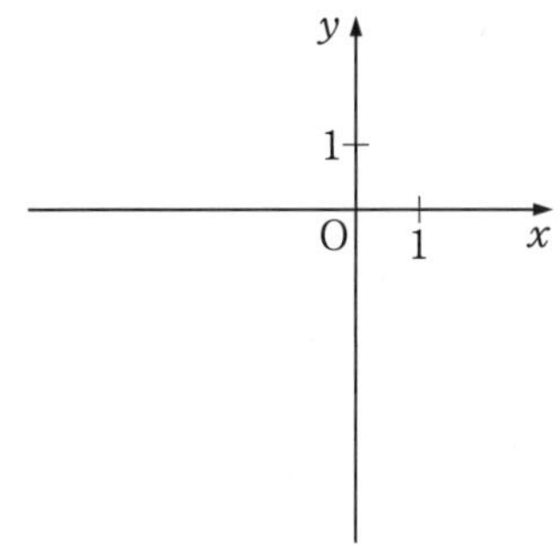

(2) $\begin{cases} x+y\leqq 0 \\ 2x-y-3\geqq 0 \end{cases}$

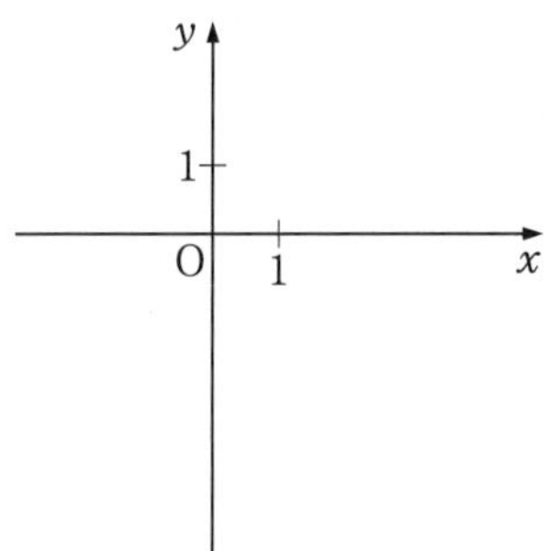

80b 基本 次の連立不等式の表す領域を図示せよ。

(1) $\begin{cases} x-y+3<0 \\ x+y-2>0 \end{cases}$

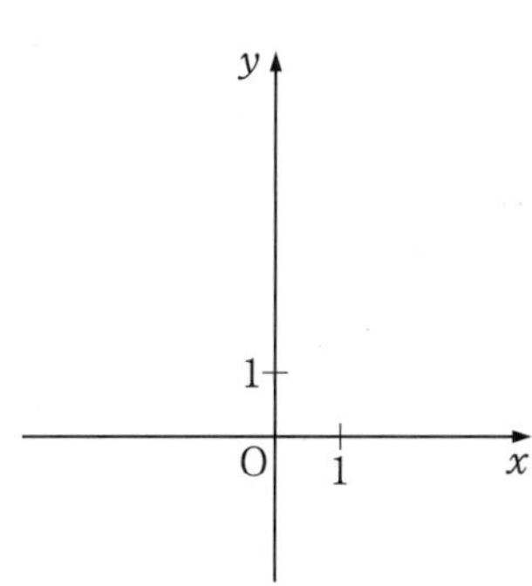

(2) $\begin{cases} x-y-1<0 \\ x>0 \end{cases}$

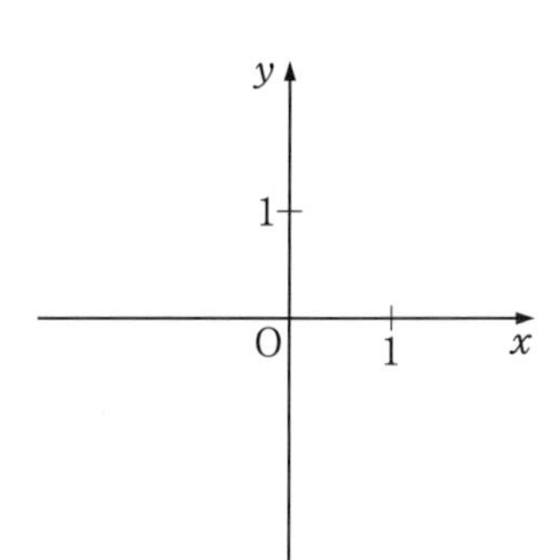

例 72 連立不等式 $\begin{cases} x^2+y^2>4 & \cdots\cdots① \\ y<-x-1 & \cdots\cdots② \end{cases}$ の表す領域を図示せよ。

解答 不等式①の表す領域は，円 $x^2+y^2=4$ の外部であり，
不等式②の表す領域は，直線 $y=-x-1$ の下側である。
よって，求める領域は右の図の斜線部分である。
ただし，境界線を含まない。

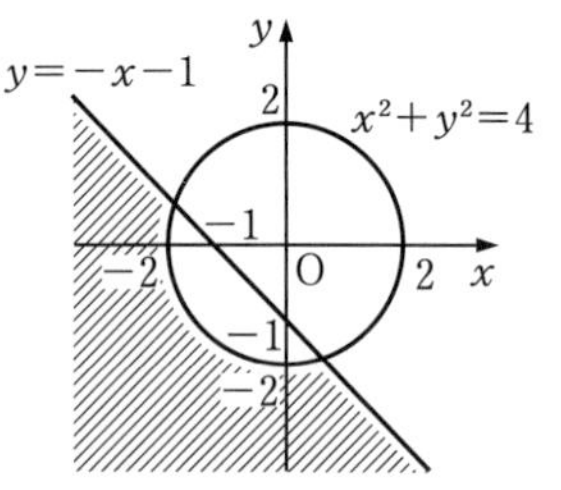

81a 基本 次の連立不等式の表す領域を図示せよ。

(1) $\begin{cases} x^2+y^2\leqq 16 \\ y\leqq x+2 \end{cases}$

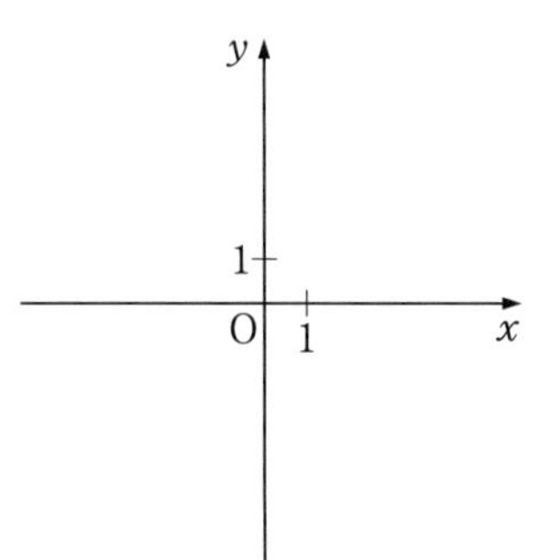

(2) $\begin{cases} x^2+y^2>1 \\ x^2+y^2<9 \end{cases}$

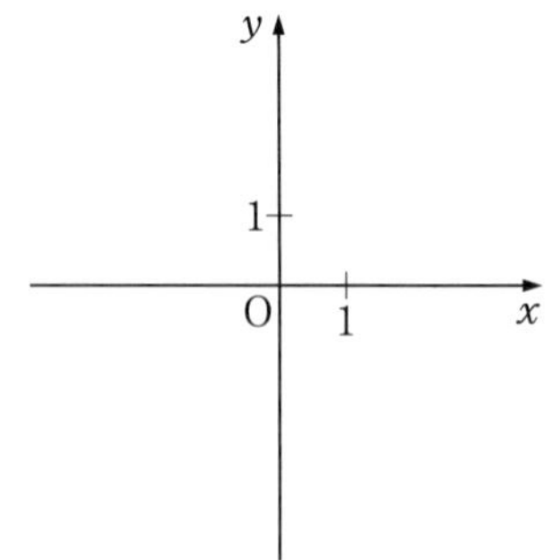

81b 基本 次の連立不等式の表す領域を図示せよ。

(1) 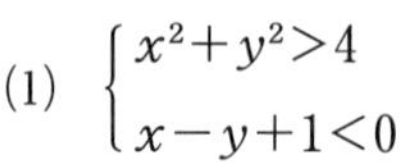
$\begin{cases} x^2+y^2>4 \\ x-y+1<0 \end{cases}$

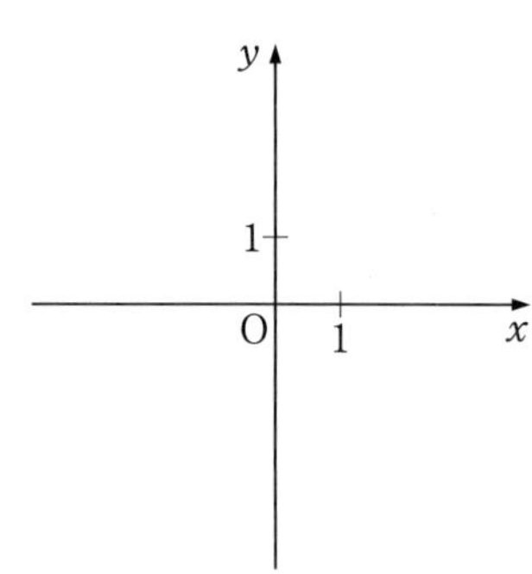

(2) 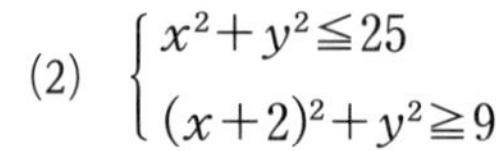
$\begin{cases} x^2+y^2\leqq 25 \\ (x+2)^2+y^2\geqq 9 \end{cases}$

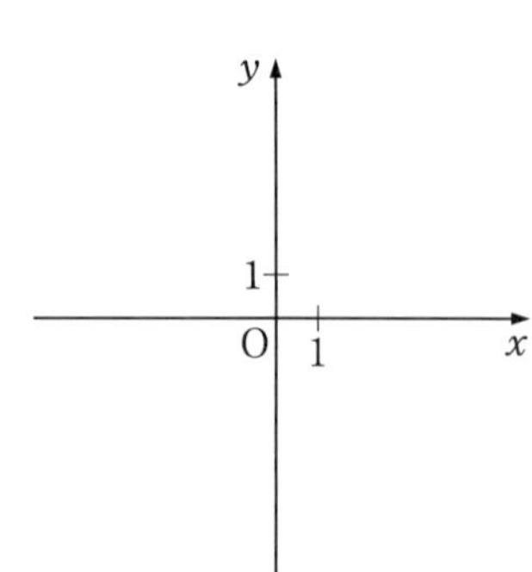

考えてみよう 15 不等式 $3\leqq 2x-y\leqq 5$ の表す領域を図示してみよう。

検印

KEY 58 領域を連立不等式で表す

① 図に示された境界線を表す直線や円の方程式を求める。直線ならば，その直線が通る点や傾きに，円ならば，その円の中心と半径に注目する。

② 境界線を表す直線や円のそれぞれどちら側の共通部分かを調べて，不等式を作る。

例 73 右の図の斜線部分の領域を表す連立不等式を求めよ。
ただし，境界線を含む。

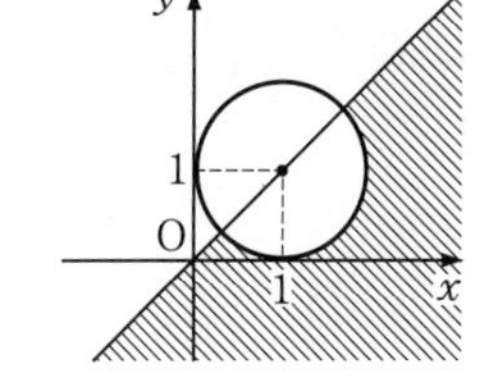

解答 境界線となる円と直線の方程式は　$(x-1)^2+(y-1)^2=1$，$y=x$
斜線部分は円 $(x-1)^2+(y-1)^2=1$ およびその外部と直線 $y=x$ およびその下側の共通部分で，境界線を含むから，求める連立不等式は

$$\begin{cases} (x-1)^2+(y-1)^2 \geqq 1 \\ y \leqq x \end{cases}$$

82a 標準 次の図の斜線部分の領域を表す連立不等式を求めよ。ただし，境界線を含む。

(1)

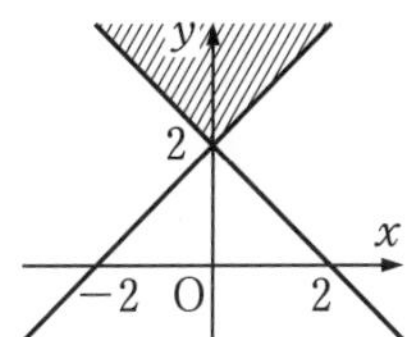

(2)

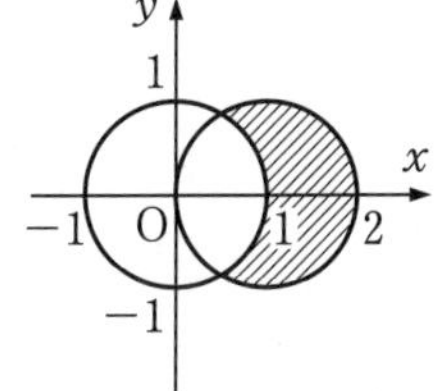

82b 標準 次の図の斜線部分の領域を表す連立不等式を求めよ。ただし，境界線を含まない。

(1)

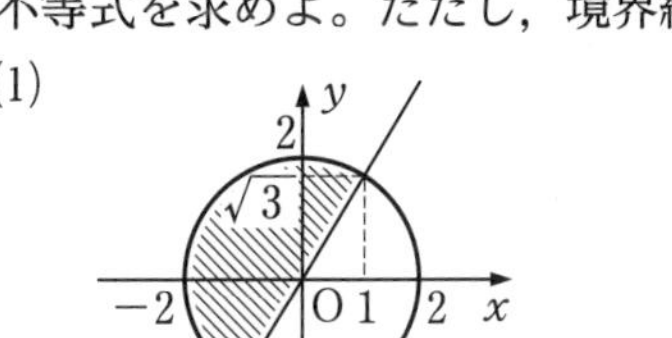

(2)

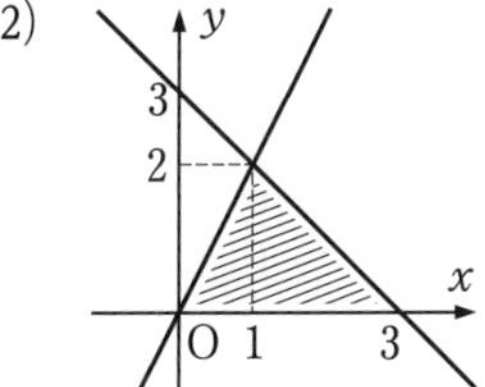

KEY 59 領域と最大・最小

(1) 連立不等式の表す領域 D を図示する。

(2) (与えられた x と y の1次式)$=k$ ……①とおく。k の値が大きく(小さく)なるにつれて，直線①の y 切片の値が大きくなるか小さくなるかを調べる。

(3) (1)の領域 D と直線①が共有点をもつような k の値の範囲を調べる。

例 74 連立不等式 $x \geqq 0$，$y \geqq 0$，$2x+y-4 \leqq 0$，$2x+3y-6 \leqq 0$ の表す領域を D とする。点 $\mathrm{P}(x,\ y)$ が領域 D 内を動くとき，$x+y$ のとる値の最大値および最小値を求めよ。

解答 領域 D は，4点 $(0,\ 0)$，$(2,\ 0)$，$\left(\frac{3}{2},\ 1\right)$，$(0,\ 2)$ を頂点とする四角形の周および内部である。

$x+y=k$ ……①

とおくと，$y=-x+k$ であるから，①は傾き -1，y 切片が k の直線を表す。

直線①が領域 D と共有点をもつような k の値のうち，

k が最大になるのは，

直線①が点 $\left(\frac{3}{2},\ 1\right)$ を通るときで　$k=\frac{5}{2}$

k が最小になるのは，

直線①が原点Oを通るときで　$k=0$

したがって，$x+y$ は，

$x=\frac{3}{2}$，$y=1$ のとき　最大値 $\frac{5}{2}$ をとり，

$x=0$，$y=0$ のとき　最小値 0 をとる。

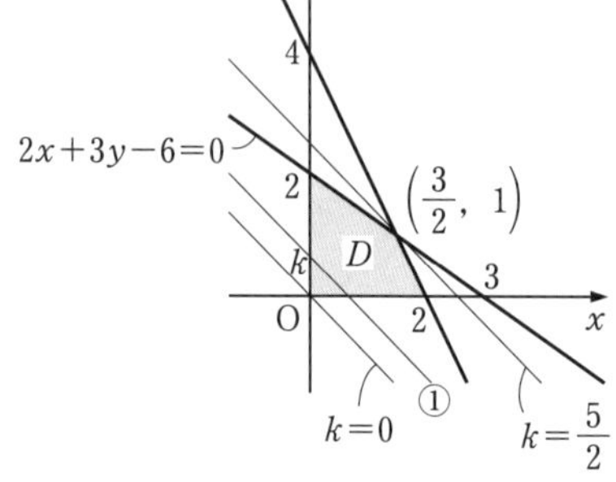

83a 標準 連立不等式 $x \geqq 0$，$y \geqq 0$，$2x+y \leqq 6$，$x+3y \leqq 8$ の表す領域を D とする。点 $\mathrm{P}(x,\ y)$ が領域 D 内を動くとき，$x+y$ のとる値の最大値および最小値を求めよ。

83b 標準 連立不等式 $y \geqq 0$，$2x-y \geqq 0$，$x+y-3 \leqq 0$ の表す領域を D とする。
点 P$(x,\ y)$ が領域 D 内を動くとき，$y-x$ のとる値の最大値および最小値を求めよ。

考えてみよう 16 **例74**において，$x-y$ のとる値の最大値および最小値を求めよ。

検印

例題 16　放物線の頂点の軌跡

t の値が変化するとき，放物線 $y=x^2+(2t-2)x+3t-1$ の頂点の軌跡を求めよ。

【ガイド】頂点の座標を $(x,\ y)$ として，x，y を t の式で表す。

解答 $y=x^2+(2t-2)x+3t-1$ を平方完成すると

$$y=\{x+(t-1)\}^2-(t-1)^2+3t-1$$
$$=\{x+(t-1)\}^2-t^2+5t-2$$

よって，放物線 $y=x^2+(2t-2)x+3t-1$ の頂点の座標を $(x,\ y)$ とすると

$$x=-t+1,\quad y=-t^2+5t-2$$

$t=-x+1$ を，$y=-t^2+5t-2$ に代入すると　◀$x=-t+1$ より　$t=-x+1$

$$y=-(-x+1)^2+5(-x+1)-2$$
$$=-x^2-3x+2$$

したがって，頂点の軌跡は，**放物線 $y=-x^2-3x+2$** である。

練習 16

t の値が変化するとき，次の点の軌跡を求めよ。

(1)　$x=2t+6$，$y=-4t+1$ と表される点 $(x,\ y)$

(2)　放物線 $y=x^2-2tx+t-1$ の頂点

検印

例題 17 積の形の不等式が表す領域

不等式 $y(x+y-1)>0$ の表す領域を図示せよ。

【ガイド】 $AB>0 \iff A$ と B は同符号 $\iff \begin{cases} A>0 \\ B>0 \end{cases}$ または $\begin{cases} A<0 \\ B<0 \end{cases}$

$AB<0 \iff A$ と B は異符号 $\iff \begin{cases} A>0 \\ B<0 \end{cases}$ または $\begin{cases} A<0 \\ B>0 \end{cases}$

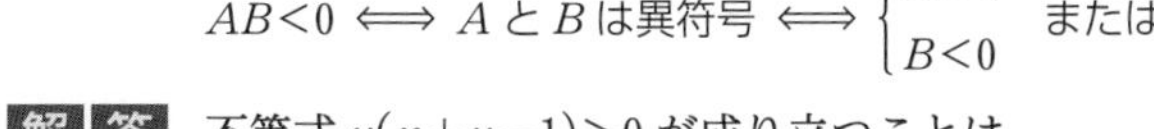

解答 不等式 $y(x+y-1)>0$ が成り立つことは

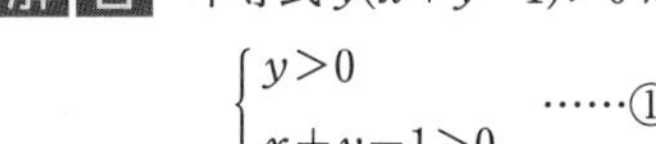

$\begin{cases} y>0 \\ x+y-1>0 \end{cases}$ ……①

または

$\begin{cases} y<0 \\ x+y-1<0 \end{cases}$ ……②

が成り立つことと同じである。

したがって，求める領域は，①の表す領域と②の表す領域を合わせたもので，図の斜線部分である。ただし，境界線を含まない。

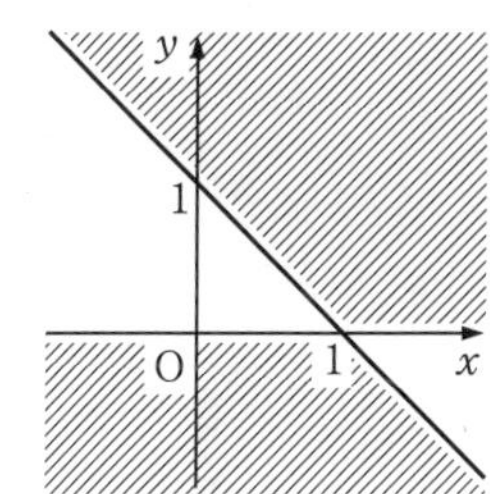

練習 17

次の不等式の表す領域を図示せよ。

(1) $(x+y)(x-y+1)<0$

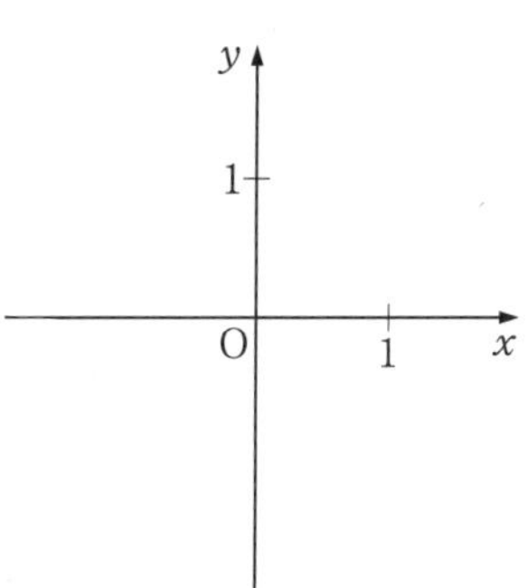

(2) $(x-y)(x^2+y^2-1)>0$

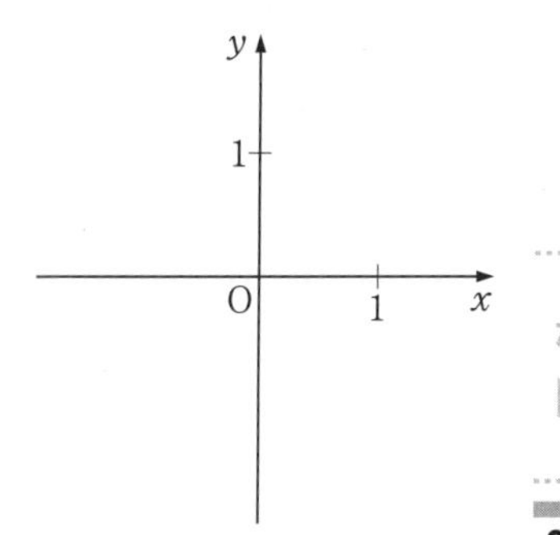

3章 図形と方程式

検印

4章のウォーミングアップ

1 一般角，弧度法

KEY 60 一般角

動径（ある点を中心に回転する半直線）が回転した向きと大きさによって角をとらえると，360° より大きい角や負の角を考えることができる。

例 75 次の角について，動径 OP を図示せよ。

(1) 900°　　(2) −135°

解答 (1)

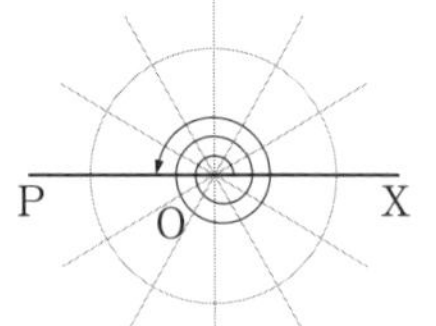

(2)

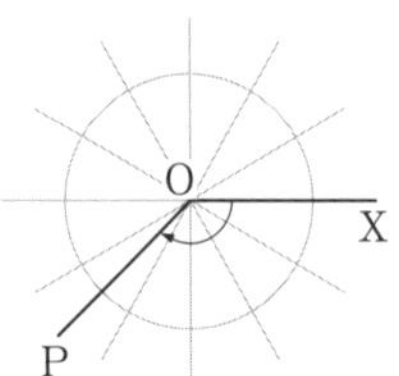

84a 基本 次の角について，動径 OP を図示せよ。

(1) 510°

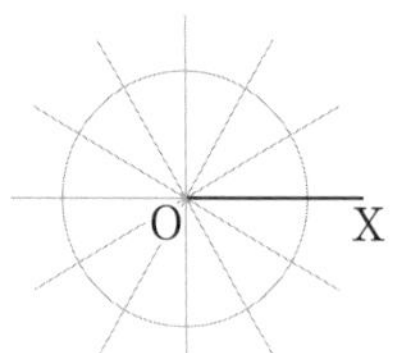

(2) −300°

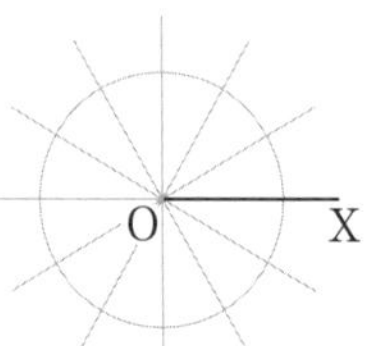

84b 基本 次の角について，動径 OP を図示せよ。

(1) 660°

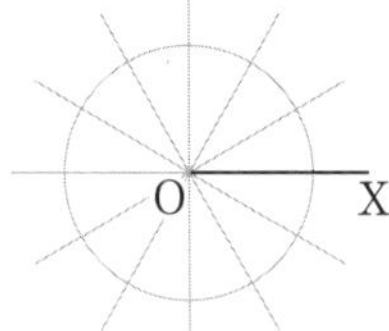

(2) −765°

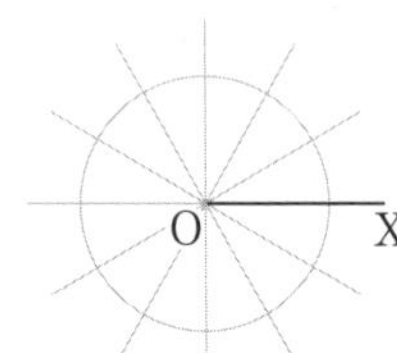

検印

KEY 61 動径の表す一般角

動径 OP と始線 OX のなす角の1つを α とすると，動径 OP の表す一般角 θ は，整数 n を用いて

$$\theta=\alpha+360^\circ\times n$$

と表される。

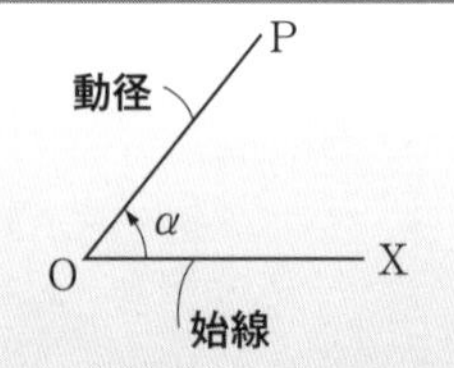

例 76 右の図の動径 OP の表す一般角を答えよ。

P
45°
O
X

解答 $45^\circ+360^\circ\times n$ （n は整数）

85a 基本 次の動径 OP の表す一般角を答えよ。

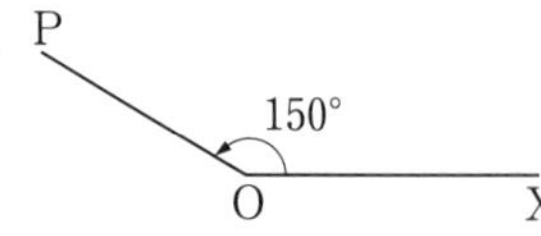

85b 基本 次の動径 OP の表す一般角を答えよ。

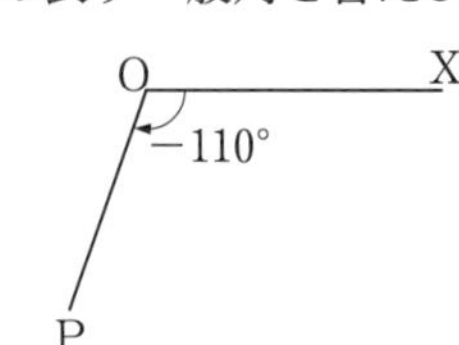

検印

KEY 62 弧度法

$1^\circ = \dfrac{\pi}{180}$ ラジアン　　1ラジアン$= \dfrac{180^\circ}{\pi}$

例 77 次の角のうち，(1)は弧度法で，(2)は度で表せ。

(1)　210°　　　(2)　5π

解答　(1)　$210^\circ = 210 \times \dfrac{\pi}{180} = \dfrac{7}{6}\pi$　　　(2)　$5\pi = 5\pi \times \dfrac{180^\circ}{\pi} = 900^\circ$

86a 基本 次の角のうち，(1)，(2)は弧度法で，(3)，(4)は度で表せ。

(1)　420°

(2)　-105°

(3)　$\dfrac{5}{3}\pi$

(4)　$-\dfrac{9}{2}\pi$

86b 基本 次の角のうち，(1)，(2)は弧度法で，(3)，(4)は度で表せ。

(1)　36°

(2)　-600°

(3)　$\dfrac{17}{6}\pi$

(4)　$-\dfrac{5}{12}\pi$

KEY 63 扇形の弧の長さと面積

半径 r，中心角 θ の扇形の弧の長さを ℓ，面積を S とすると

$$\ell = r\theta, \quad S = \frac{1}{2}r^2\theta = \frac{1}{2}r\ell$$

例 78 半径9，中心角 $\dfrac{2}{3}\pi$ の扇形において，弧の長さ ℓ と面積 S を求めよ。

解答　$\ell = 9 \cdot \dfrac{2}{3}\pi = 6\pi$，　$S = \dfrac{1}{2} \cdot 9^2 \cdot \dfrac{2}{3}\pi = 27\pi$

87a 基本 半径2，中心角 $\dfrac{3}{4}\pi$ の扇形の弧の長さ ℓ と面積 S を求めよ。

87b 基本 半径8，中心角 $\dfrac{5}{6}\pi$ の扇形の弧の長さ ℓ と面積 S を求めよ。

検印

検印

2 三角関数

KEY 64
三角関数の定義

原点を中心とする半径 r の円と角 θ の動径との交点 P の座標を $(x,\ y)$ とすると

$$\sin\theta=\frac{y}{r},\quad \cos\theta=\frac{x}{r},\quad \tan\theta=\frac{y}{x}$$

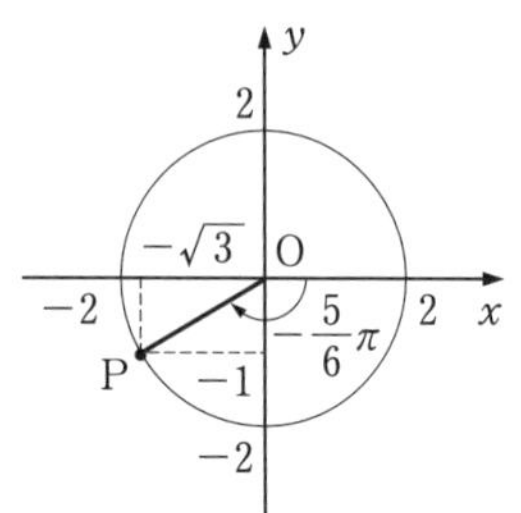

例 79 $\theta=-\frac{5}{6}\pi$ のとき，$\sin\theta$，$\cos\theta$，$\tan\theta$ の値を求めよ。

解答 原点を中心とする半径 2 の円と $-\frac{5}{6}\pi$ の動径との交点 P の座標は $(-\sqrt{3},\ -1)$ であるから

$$\sin\left(-\frac{5}{6}\pi\right)=\frac{-1}{2}=-\frac{1}{2}$$

$$\cos\left(-\frac{5}{6}\pi\right)=\frac{-\sqrt{3}}{2}=-\frac{\sqrt{3}}{2}$$

$$\tan\left(-\frac{5}{6}\pi\right)=\frac{-1}{-\sqrt{3}}=\frac{1}{\sqrt{3}}$$

88a 基本 θ が次の角のとき，$\sin\theta$，$\cos\theta$，$\tan\theta$ の値を求めよ。

(1) $\frac{7}{4}\pi$

(2) $-\frac{7}{6}\pi$

88b 基本 θ が次の角のとき，$\sin\theta$，$\cos\theta$，$\tan\theta$ の値を求めよ。

(1) $\frac{10}{3}\pi$

(2) $-\frac{3}{2}\pi$

考えてみよう 17 次の条件を満たすような θ の動径は，第何象限にあるか考えてみよう。

(1) $\sin\theta<0$ かつ $\cos\theta>0$

(2) $\sin\theta\cos\theta<0$

3 三角関数の相互関係

KEY 65 三角関数の相互関係

① $\sin^2\theta+\cos^2\theta=1$　② $\tan\theta=\dfrac{\sin\theta}{\cos\theta}$　③ $1+\tan^2\theta=\dfrac{1}{\cos^2\theta}$

例 80 θ が第 3 象限の角で，$\sin\theta=-\dfrac{4}{5}$ のとき，$\cos\theta$ と $\tan\theta$ の値を求めよ。

解答　$\sin^2\theta+\cos^2\theta=1$ から　$\cos^2\theta=1-\sin^2\theta=1-\left(-\dfrac{4}{5}\right)^2=\dfrac{9}{25}$

θ が第 3 象限の角であるから　$\cos\theta<0$　よって　$\boldsymbol{\cos\theta=-\sqrt{\dfrac{9}{25}}=-\dfrac{3}{5}}$

また　$\boldsymbol{\tan\theta}=\dfrac{\sin\theta}{\cos\theta}=\left(-\dfrac{4}{5}\right)\div\left(-\dfrac{3}{5}\right)=\left(-\dfrac{4}{5}\right)\times\left(-\dfrac{5}{3}\right)=\boldsymbol{\dfrac{4}{3}}$

89a 基本 θ が第 4 象限の角で，$\sin\theta=-\dfrac{2\sqrt{5}}{5}$ のとき，$\cos\theta$ と $\tan\theta$ の値を求めよ。

89b 基本 θ が第 3 象限の角で，$\cos\theta=-\dfrac{5}{13}$ のとき，$\sin\theta$ と $\tan\theta$ の値を求めよ。

例 81 θ が第 2 象限の角で，$\tan\theta=-2$ のとき，$\sin\theta$ と $\cos\theta$ の値を求めよ。

解答 $1+\tan^2\theta=\dfrac{1}{\cos^2\theta}$ から $\dfrac{1}{\cos^2\theta}=1+\tan^2\theta=1+(-2)^2=5$　これより $\cos^2\theta=\dfrac{1}{5}$

θ が第 2 象限の角であるから $\cos\theta<0$　よって $\boldsymbol{\cos\theta=-\dfrac{1}{\sqrt{5}}}$

また，$\tan\theta=\dfrac{\sin\theta}{\cos\theta}$ から $\boldsymbol{\sin\theta}=\tan\theta\cos\theta=-2\cdot\left(-\dfrac{1}{\sqrt{5}}\right)=\boldsymbol{\dfrac{2}{\sqrt{5}}}$

90a 基本 θ が第 3 象限の角で，$\tan\theta=\dfrac{1}{2}$ のとき，$\sin\theta$ と $\cos\theta$ の値を求めよ。

90b 基本 θ が第 2 象限の角で，$\tan\theta=-\dfrac{4}{3}$ のとき，$\sin\theta$ と $\cos\theta$ の値を求めよ。

例 82 次の等式を証明せよ。

$$\frac{\sin\theta}{1-\cos\theta}+\frac{1-\cos\theta}{\sin\theta}=\frac{2}{\sin\theta}$$

証明 (左辺)$=\dfrac{\sin^2\theta+(1-\cos\theta)^2}{(1-\cos\theta)\sin\theta}=\dfrac{\sin^2\theta+1-2\cos\theta+\cos^2\theta}{(1-\cos\theta)\sin\theta}$

$=\dfrac{2(1-\cos\theta)}{(1-\cos\theta)\sin\theta}=\dfrac{2}{\sin\theta}=$(右辺)

よって $\dfrac{\sin\theta}{1-\cos\theta}+\dfrac{1-\cos\theta}{\sin\theta}=\dfrac{2}{\sin\theta}$

91a 標準 次の等式を証明せよ。

$(3\sin\theta+\cos\theta)^2+(\sin\theta-3\cos\theta)^2=10$

91b 標準 次の等式を証明せよ。

$\dfrac{\cos\theta}{1+\sin\theta}+\tan\theta=\dfrac{1}{\cos\theta}$

検印

4章 三角関数

KEY 66 与えられた式を，$\sin^2\theta+\cos^2\theta=1$ が使える形に変形する。

$\sin^2\theta+\cos^2\theta=1$ の利用

例 83 $\sin\theta+\cos\theta=\dfrac{1}{3}$ のとき，$\sin\theta\cos\theta$ の値を求めよ。

解答 $\sin\theta+\cos\theta=\dfrac{1}{3}$ の両辺を 2 乗すると $\sin^2\theta+2\sin\theta\cos\theta+\cos^2\theta=\dfrac{1}{9}$

$\sin^2\theta+\cos^2\theta=1$ より $1+2\sin\theta\cos\theta=\dfrac{1}{9}$ よって $\sin\theta\cos\theta=-\dfrac{4}{9}$

92a 標準 $\sin\theta+\cos\theta=\dfrac{1}{5}$ のとき，$\sin\theta\cos\theta$ の値を求めよ。

92b 標準 $\sin\theta-\cos\theta=-\sqrt{2}$ のとき，$\sin\theta\cos\theta$ の値を求めよ。

考えてみよう 18 **例83**において，$\sin^3\theta+\cos^3\theta$ の値を求めてみよう。

検印

4 三角関数の性質

KEY 67
三角関数の性質

① $\sin(\theta+2n\pi)=\sin\theta$, $\cos(\theta+2n\pi)=\cos\theta$, $\tan(\theta+2n\pi)=\tan\theta$ （n は整数）
② $\sin(-\theta)=-\sin\theta$, $\cos(-\theta)=\cos\theta$, $\tan(-\theta)=-\tan\theta$
③ $\sin(\theta+\pi)=-\sin\theta$, $\cos(\theta+\pi)=-\cos\theta$, $\tan(\theta+\pi)=\tan\theta$
④ $\sin\left(\theta+\frac{\pi}{2}\right)=\cos\theta$, $\cos\left(\theta+\frac{\pi}{2}\right)=-\sin\theta$, $\tan\left(\theta+\frac{\pi}{2}\right)=-\frac{1}{\tan\theta}$

例 84 次の値を求めよ。

(1) $\sin\frac{10}{3}\pi$　　(2) $\cos\left(-\frac{5}{4}\pi\right)$　　(3) $\tan\frac{8}{3}\pi$

解答
(1) $\sin\frac{10}{3}\pi=\sin\left(\frac{4}{3}\pi+2\pi\right)=\sin\frac{4}{3}\pi=\sin\left(\frac{\pi}{3}+\pi\right)=-\sin\frac{\pi}{3}=-\frac{\sqrt{3}}{2}$

(2) $\cos\left(-\frac{5}{4}\pi\right)=\cos\frac{5}{4}\pi=\cos\left(\frac{\pi}{4}+\pi\right)=-\cos\frac{\pi}{4}=-\frac{1}{\sqrt{2}}$

(3) $\tan\frac{8}{3}\pi=\tan\left(\frac{2}{3}\pi+2\pi\right)=\tan\frac{2}{3}\pi=-\sqrt{3}$

93a 基本 次の値を求めよ。

(1) $\sin\frac{15}{4}\pi$

(2) $\cos\frac{7}{3}\pi$

(3) $\tan\left(-\frac{19}{6}\pi\right)$

93b 基本 次の値を求めよ。

(1) $\sin\left(-\frac{4}{3}\pi\right)$

(2) $\cos\left(-\frac{17}{6}\pi\right)$

(3) $\tan\frac{14}{3}\pi$

検印

5 三角関数のグラフ

KEY 68 $y=\sin(\theta-\alpha)$ のグラフ

$y=\sin(\theta-\alpha)$ のグラフは，$y=\sin\theta$ のグラフを θ 軸方向に α だけ平行移動したもので，周期は $\sin\theta$ と等しく 2π である。

例 85 $y=\sin\left(\theta-\dfrac{2}{3}\pi\right)$ のグラフをかけ。また，その周期を答えよ。

解答 $y=\sin\left(\theta-\dfrac{2}{3}\pi\right)$ のグラフは，

$y=\sin\theta$ のグラフを θ 軸方向に $\dfrac{2}{3}\pi$ だけ平行移動したもので，周期は $y=\sin\theta$ と等しく 2π である。

したがって，グラフは右の図のようになる。

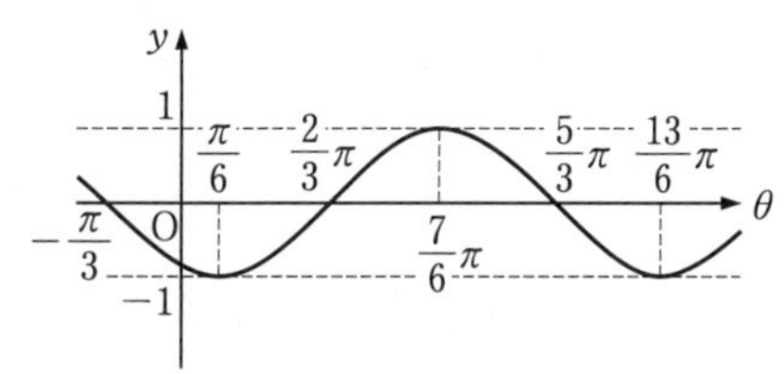

94a 基本 $y=\sin\left(\theta+\dfrac{\pi}{2}\right)$ のグラフをかけ。また，その周期を答えよ。

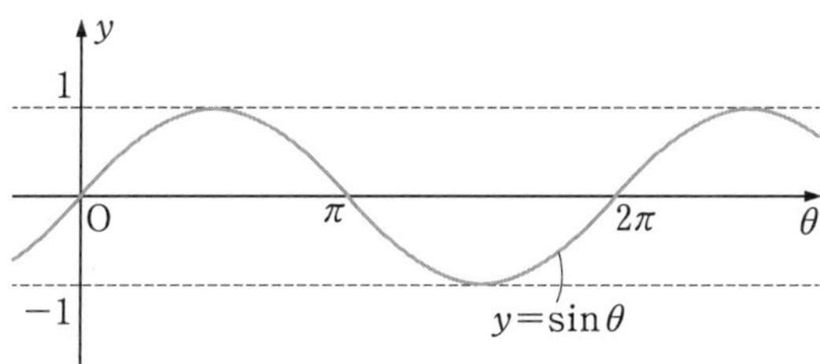

94b 基本 $y=\cos\left(\theta-\dfrac{\pi}{4}\right)$ のグラフをかけ。また，その周期を答えよ。

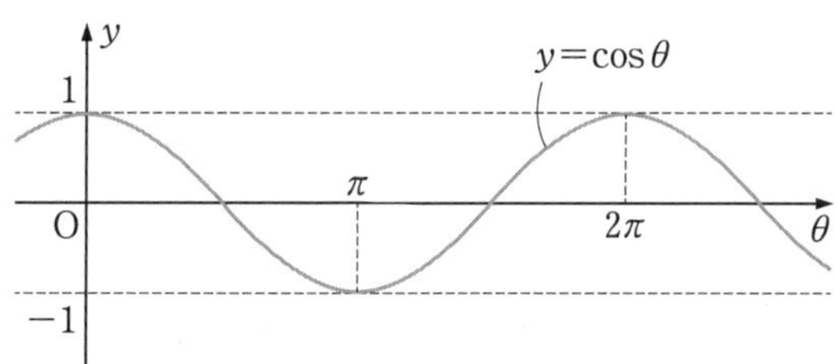

KEY 69 $y=k\sin\theta$ のグラフ

$y=k\sin\theta$ のグラフは，$y=\sin\theta$ のグラフを θ 軸を基準として y 軸方向に k 倍に拡大または縮小したもので，周期は $\sin\theta$ と等しく 2π である。

例 86 $y=3\sin\theta$ のグラフをかけ。また，その周期を答えよ。

解答 $y=3\sin\theta$ のグラフは，

$y=\sin\theta$ のグラフを θ 軸を基準として y 軸方向に 3 倍に拡大したもので，周期は $y=\sin\theta$ と等しく 2π である。

したがって，グラフは右の図のようになる。

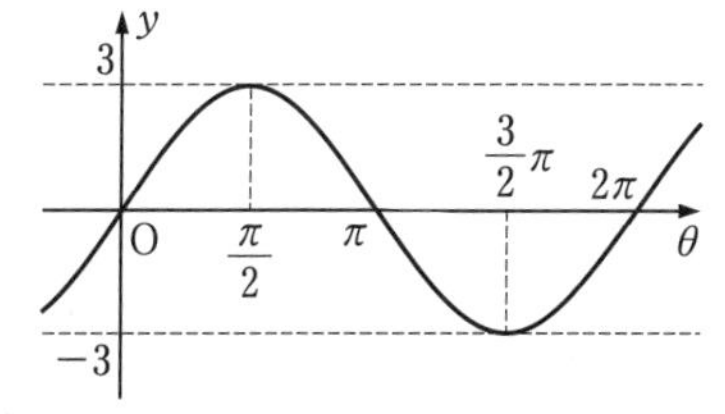

95a 基本 $y=\dfrac{1}{2}\sin\theta$ のグラフをかけ。また，その周期を答えよ。

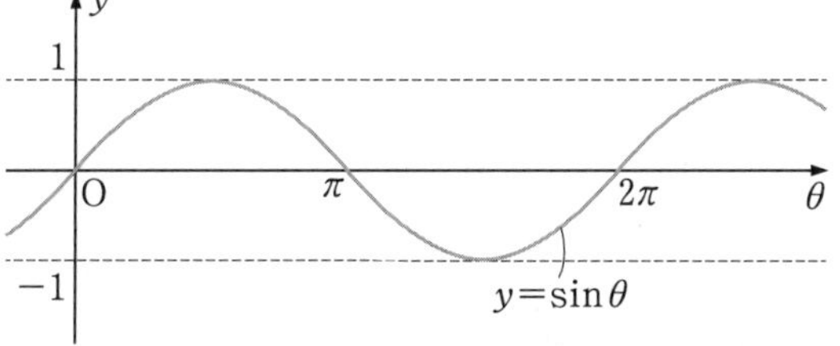

95b 基本 $y=-\cos\theta$ のグラフをかけ。また，その周期を答えよ。

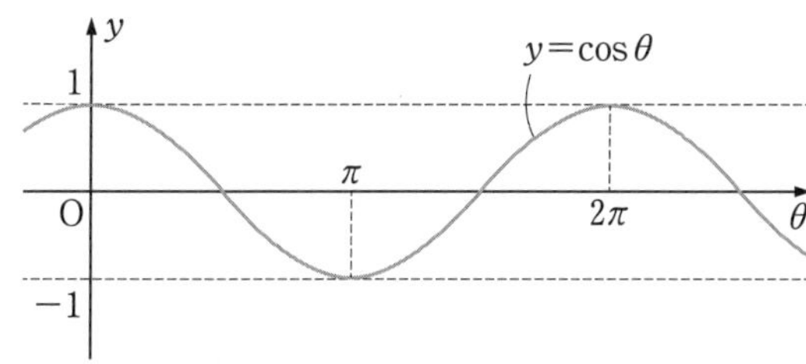

検印

検印

KEY 70

$y=\sin k\theta$ のグラフと周期

$y=\sin k\theta$ のグラフは，$y=\sin\theta$ のグラフを y 軸を基準として θ 軸方向に $\frac{1}{k}$ 倍に縮小または拡大したものである。
また，周期については，次のことが成り立つ。

k を正の定数とするとき，$\sin k\theta$，$\cos k\theta$ の周期は $\frac{2\pi}{k}$，　$\tan k\theta$ の周期は $\frac{\pi}{k}$

例 87 $y=\sin 3\theta$ のグラフをかけ。また，その周期を答えよ。

解答 $y=\sin 3\theta$ のグラフは，
$y=\sin\theta$ のグラフを y 軸を基準として
θ 軸方向に $\frac{1}{3}$ 倍に縮小したもので，
周期は $\frac{2}{3}\pi$ である。　◀ $2\pi\times\frac{1}{3}=\frac{2}{3}\pi$
したがって，グラフは右の図のようになる。

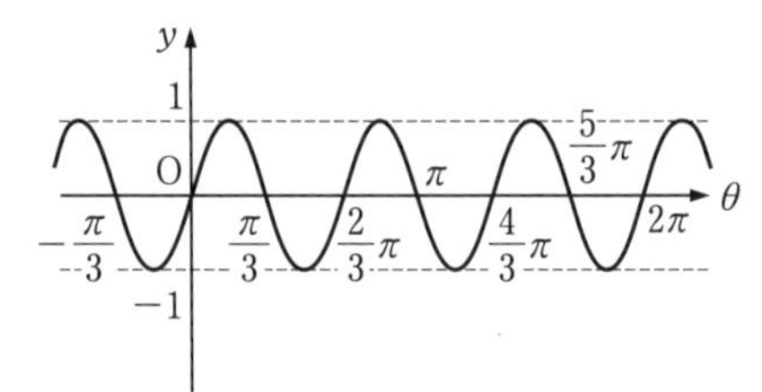

96a 標準 $y=\cos 3\theta$ のグラフをかけ。また，その周期を答えよ。

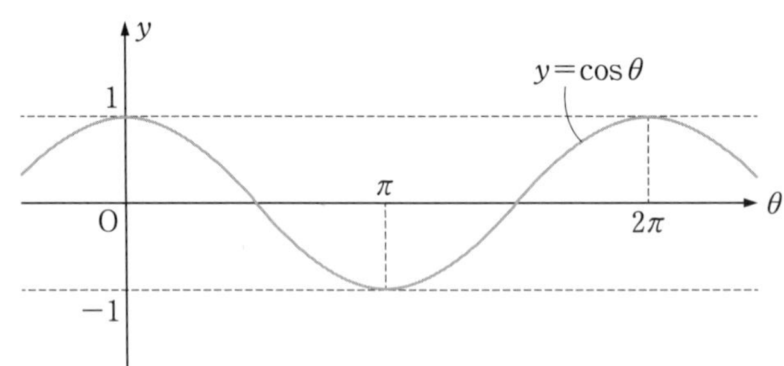

96b 標準 $y=\cos\frac{\theta}{2}$ のグラフをかけ。また，その周期を答えよ。

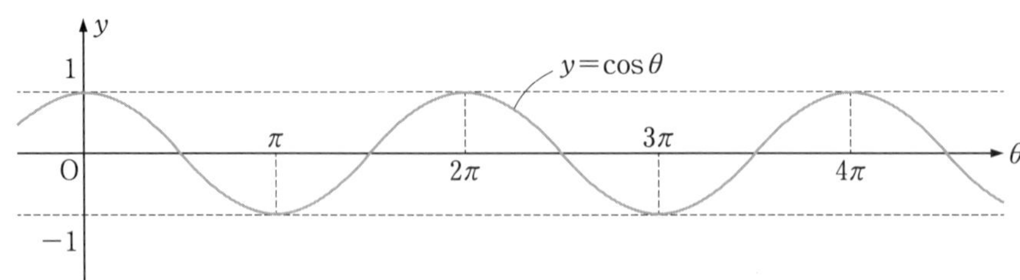

考えてみよう 19 次の表の空欄および□の中に適切な用語，数値，式を記入してみよう。

関数	周期	値域	グラフの特徴
$y=\sin\theta$			・グラフは□に関して対称である。
$y=\cos\theta$			・グラフは□に関して対称である。
$y=\tan\theta$			・グラフは□に関して対称である。 ・漸近線は，直線 $\theta=$□，$\theta=$□，$\theta=$□などである。

検印

6 三角関数を含む方程式・不等式

KEY 71 三角関数を含む方程式を解くには，単位円を利用する。

三角関数を含む方程式

例 88 $0 \leqq \theta < 2\pi$ のとき，方程式 $\cos\theta = -\dfrac{\sqrt{3}}{2}$ を解け。

解答 右の図のように，単位円と直線 $x = -\dfrac{\sqrt{3}}{2}$ との交点を P，P′ とすると，動径 OP，OP′ の表す角が求める角 θ である。
$0 \leqq \theta < 2\pi$ の範囲で考えると

$$\boldsymbol{\theta = \frac{5}{6}\pi,\ \frac{7}{6}\pi}$$

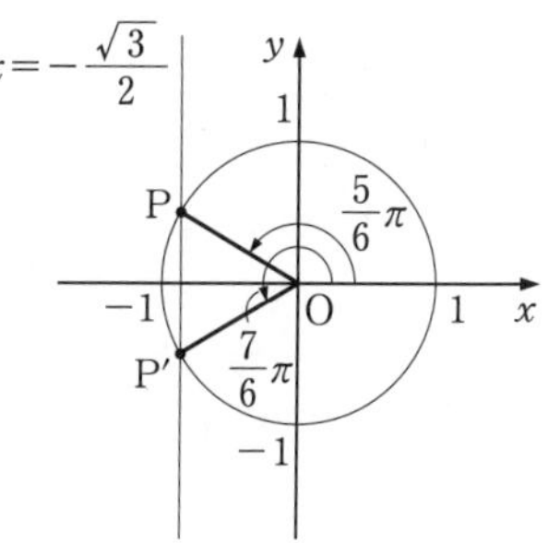

97a 標準 $0 \leqq \theta < 2\pi$ のとき，次の方程式を解け。

(1) $\sin\theta = -\dfrac{\sqrt{3}}{2}$

(2) $\cos\theta = 0$

97b 標準 $0 \leqq \theta < 2\pi$ のとき，次の方程式を解け。

(1) $\cos\theta = \dfrac{1}{\sqrt{2}}$

(2) $-\sin\theta = 1$

4章 三角関数

検印

KEY 72　三角関数を含む不等式を解くには，単位円やグラフを利用する。

三角関数を含む不等式

例 89　$0 \leqq \theta < 2\pi$ のとき，不等式 $\sin\theta > \dfrac{1}{\sqrt{2}}$ を解け。

解答　右の図のように，単位円と直線 $y=\dfrac{1}{\sqrt{2}}$ との交点をP，P′ とする。動径 OP，OP′ の表す角を θ とし，$0 \leqq \theta < 2\pi$ の範囲で考えると　$\theta=\dfrac{\pi}{4}$，$\dfrac{3}{4}\pi$

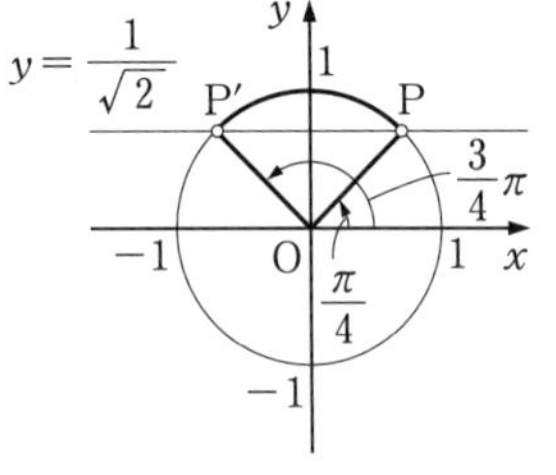

したがって，$\sin\theta > \dfrac{1}{\sqrt{2}}$ を満たす θ の値の範囲は

$$\boldsymbol{\frac{\pi}{4} < \theta < \frac{3}{4}\pi}$$

別解　$0 \leqq \theta < 2\pi$ のとき，$y=\sin\theta$ のグラフが直線 $y=\dfrac{1}{\sqrt{2}}$ より上側にある θ の値の範囲を求めると

$$\frac{\pi}{4} < \theta < \frac{3}{4}\pi$$

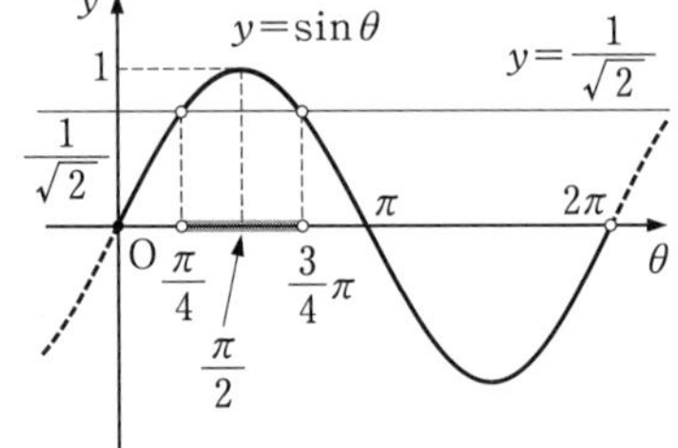

98a 標準　$0 \leqq \theta < 2\pi$ のとき，次の不等式を解け。

(1)　$\sin\theta < -\dfrac{1}{\sqrt{2}}$

(2)　$\cos\theta \leqq \dfrac{\sqrt{3}}{2}$

98b 標準　$0 \leqq \theta < 2\pi$ のとき，次の不等式を解け。

(1)　$\sin\theta \leqq \dfrac{1}{2}$

(2)　$\cos\theta > -\dfrac{1}{2}$

検印

KEY 73

$\tan\theta$ を含む方程式・不等式

・$\tan\theta$ の値は，角 θ の動径と直線 $x=1$ の交点の y 座標であるから，図をかいて考える。

・不等式は，漸近線に注意してグラフを利用する。

例 90 $0\leqq\theta<2\pi$ のとき，次の方程式，不等式を解け。

(1) $\tan\theta=-\dfrac{1}{\sqrt{3}}$　　(2) $\tan\theta\geqq-\dfrac{1}{\sqrt{3}}$

解答 (1) 右の図のように，直線 $x=1$ 上の点 $T\left(1,\ -\dfrac{1}{\sqrt{3}}\right)$ と原点を通る直線と，単位円との交点を P，P′ とする。動径 OP，OP′ の表す角を $0\leqq\theta<2\pi$ の範囲で考えると

$$\boldsymbol{\theta=\frac{5}{6}\pi,\ \frac{11}{6}\pi}$$

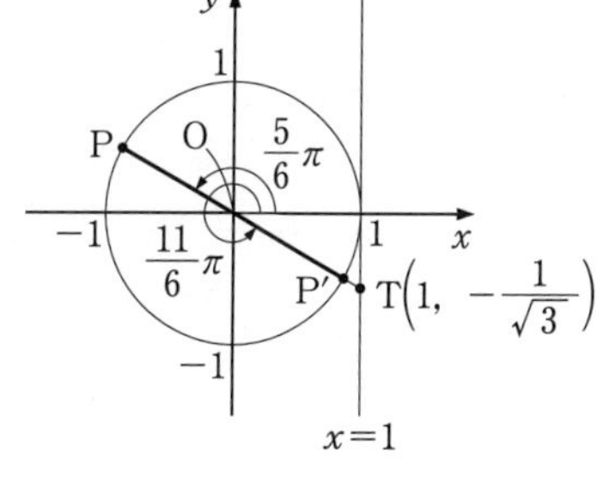

(2) $0\leqq\theta<2\pi$ のとき，$y=\tan\theta$ のグラフが直線 $y=-\dfrac{1}{\sqrt{3}}$ と交わるか，それより上側にある θ の値の範囲を求めると

$$\boldsymbol{0\leqq\theta<\frac{\pi}{2},\ \frac{5}{6}\pi\leqq\theta<\frac{3}{2}\pi,}$$
$$\boldsymbol{\frac{11}{6}\pi\leqq\theta<2\pi}$$

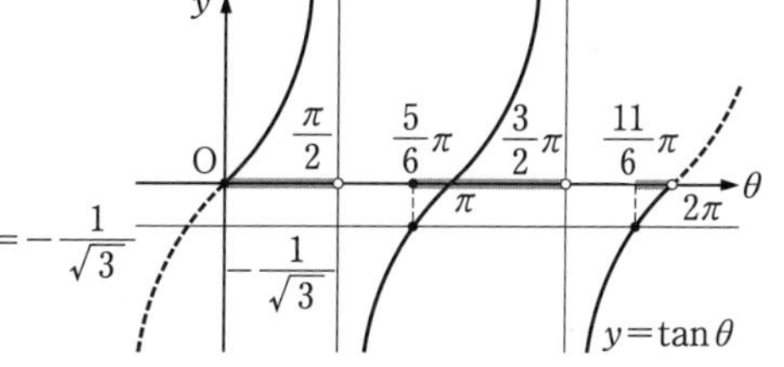

99a 標準 $0\leqq\theta<2\pi$ のとき，次の方程式，不等式を解け。

(1) $\tan\theta=-1$

(2) $\tan\theta\leqq-1$

99b 標準 $0\leqq\theta<2\pi$ のとき，次の方程式，不等式を解け。

(1) $\tan\theta=-\sqrt{3}$

(2) $\tan\theta>-\sqrt{3}$

4章 三角関数

検印

例題 18　2種類の三角関数を含む方程式

$0 \leqq \theta < 2\pi$ のとき，方程式 $2\cos^2\theta + 3\sin\theta = 0$ を解け。

【ガイド】 $\sin^2\theta + \cos^2\theta = 1$ を用いて，方程式を $\sin\theta$ で表す。
$0 \leqq \theta < 2\pi$ のとき，$-1 \leqq \sin\theta \leqq 1$ に注意する。

解答 $\sin^2\theta + \cos^2\theta = 1$ を用いて，方程式を変形すると

$$2(1 - \sin^2\theta) + 3\sin\theta = 0$$

展開して，整理すると　$2\sin^2\theta - 3\sin\theta - 2 = 0$

左辺を因数分解すると　$(2\sin\theta + 1)(\sin\theta - 2) = 0$

$0 \leqq \theta < 2\pi$ のとき，$-1 \leqq \sin\theta \leqq 1$ であるから

$$\sin\theta - 2 \neq 0$$

よって　$\sin\theta = -\dfrac{1}{2}$

$0 \leqq \theta < 2\pi$ の範囲で考えると　$\boldsymbol{\theta = \dfrac{7}{6}\pi,\ \dfrac{11}{6}\pi}$

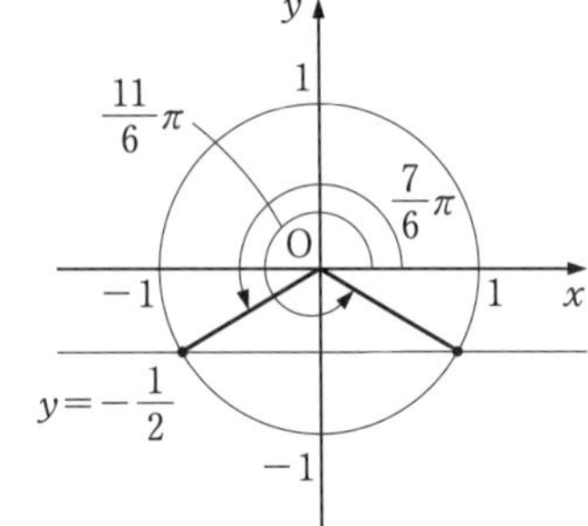

練習 18

$0 \leqq \theta < 2\pi$ のとき，次の方程式を解け。

(1)　$4\cos^2\theta - 4\sin\theta - 1 = 0$

(2)　$2\sin^2\theta - 3\cos\theta = 0$

検印

例題 19　三角関数を含む関数の最大・最小

$0 \leqq \theta < 2\pi$ のとき，関数 $y=-2\sin^2\theta-2\sin\theta+1$ の最大値と最小値を求めよ。また，そのときの θ の値を求めよ。

【ガイド】 $\sin\theta=t$ とおくと，y は t についての 2 次関数で表される。
t のとり得る値の範囲に注意する。

解答 $\sin\theta=t$ とおくと，$0 \leqq \theta < 2\pi$ であるから　$-1 \leqq t \leqq 1$

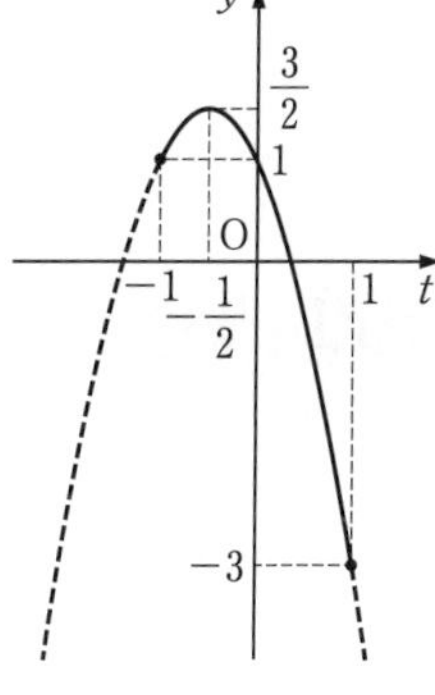

y を t を用いて表すと

$$y=-2t^2-2t+1=-2\left(t+\frac{1}{2}\right)^2+\frac{3}{2}$$

したがって，y は，

$t=-\frac{1}{2}$ のとき，最大値 $\frac{3}{2}$ をとり，

$t=1$ のとき，最小値 -3 をとる。

ここで，$0 \leqq \theta < 2\pi$ であるから，

$t=-\frac{1}{2}$ のとき，すなわち，$\sin\theta=-\frac{1}{2}$ のとき　$\theta=\frac{7}{6}\pi,\ \frac{11}{6}\pi$

$t=1$ のとき，すなわち，$\sin\theta=1$ のとき　$\theta=\frac{\pi}{2}$

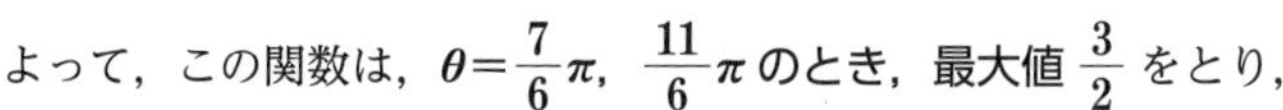

よって，この関数は，**$\theta=\frac{7}{6}\pi,\ \frac{11}{6}\pi$ のとき，最大値 $\frac{3}{2}$** をとり，

$\theta=\frac{\pi}{2}$ のとき，最小値 -3 をとる。

練習 19　$0 \leqq \theta < 2\pi$ のとき，関数 $y=\cos^2\theta+\cos\theta$ の最大値と最小値を求めよ。また，そのときの θ の値を求めよ。

4章　三角関数

検印

1 三角関数の加法定理

KEY 74 サイン・コサインの加法定理

$\sin(\alpha+\beta)=\sin\alpha\cos\beta+\cos\alpha\sin\beta$　　$\sin(\alpha-\beta)=\sin\alpha\cos\beta-\cos\alpha\sin\beta$

$\cos(\alpha+\beta)=\cos\alpha\cos\beta-\sin\alpha\sin\beta$　　$\cos(\alpha-\beta)=\cos\alpha\cos\beta+\sin\alpha\sin\beta$

例 91 $\sin 75^\circ$ の三角関数の値を求めよ。

解答 $\sin 75^\circ=\sin(45^\circ+30^\circ)=\sin 45^\circ\cos 30^\circ+\cos 45^\circ\sin 30^\circ$

$$=\frac{1}{\sqrt{2}}\cdot\frac{\sqrt{3}}{2}+\frac{1}{\sqrt{2}}\cdot\frac{1}{2}=\frac{\sqrt{3}+1}{2\sqrt{2}}=\frac{\sqrt{6}+\sqrt{2}}{4}$$

100a 基本 次の三角関数の値を求めよ。

(1) $\sin 195^\circ$

(2) $\cos(-15^\circ)$

100b 基本 次の三角関数の値を求めよ。

(1) $\cos 195^\circ$

(2) $\sin(-105^\circ)$

例 92 α は第 1 象限の角，β は第 3 象限の角で，$\sin\alpha=\frac{3}{5}$，$\cos\beta=-\frac{1}{3}$ のとき，$\sin(\alpha+\beta)$ の値を求めよ。

解答 $\cos^2\alpha=1-\sin^2\alpha=1-\left(\frac{3}{5}\right)^2=\frac{16}{25}$

α は第 1 象限の角であるから　$\cos\alpha>0$　　よって　$\cos\alpha=\sqrt{\frac{16}{25}}=\frac{4}{5}$

$\sin^2\beta=1-\cos^2\beta=1-\left(-\frac{1}{3}\right)^2=\frac{8}{9}$

β は第 3 象限の角であるから　$\sin\beta<0$　　よって　$\sin\beta=-\sqrt{\frac{8}{9}}=-\frac{2\sqrt{2}}{3}$

したがって，加法定理により

$$\sin(\alpha+\beta)=\sin\alpha\cos\beta+\cos\alpha\sin\beta=\frac{3}{5}\cdot\left(-\frac{1}{3}\right)+\frac{4}{5}\cdot\left(-\frac{2\sqrt{2}}{3}\right)=-\frac{3+8\sqrt{2}}{15}$$

101a 標準 α は第 2 象限の角，β は第 4 象限の角で，$\sin\alpha=\dfrac{5}{13}$，$\cos\beta=\dfrac{3}{5}$ のとき，次の値を求めよ。

(1) $\sin(\alpha-\beta)$

(2) $\cos(\alpha+\beta)$

101b 標準 α は第 3 象限の角，β は第 2 象限の角で，$\cos\alpha=-\dfrac{1}{2}$，$\sin\beta=\dfrac{2}{3}$ のとき，次の値を求めよ。

(1) $\sin(\alpha+\beta)$

(2) $\cos(\alpha-\beta)$

検印

KEY 75 タンジェントの加法定理

$$\tan(\alpha+\beta)=\frac{\tan\alpha+\tan\beta}{1-\tan\alpha\tan\beta} \qquad \tan(\alpha-\beta)=\frac{\tan\alpha-\tan\beta}{1+\tan\alpha\tan\beta}$$

例 93 $\tan 75^\circ$ の値を求めよ。

解答

$$\tan 75^\circ=\tan(45^\circ+30^\circ)=\frac{\tan 45^\circ+\tan 30^\circ}{1-\tan 45^\circ\tan 30^\circ}=\frac{1+\dfrac{1}{\sqrt{3}}}{1-1\cdot\dfrac{1}{\sqrt{3}}}$$

$$=\frac{\sqrt{3}+1}{\sqrt{3}-1}=\frac{(\sqrt{3}+1)^2}{(\sqrt{3}-1)(\sqrt{3}+1)}=\mathbf{2+\sqrt{3}}$$

102a 基本 $\tan 195^\circ$ の値を求めよ。

102b 基本 $\tan(-15^\circ)$ の値を求めよ。

検印

KEY 76

2直線のなす角

直線 $y=mx$ と x 軸の正の部分とのなす角を θ とすると

$$m=\tan\theta$$

である。

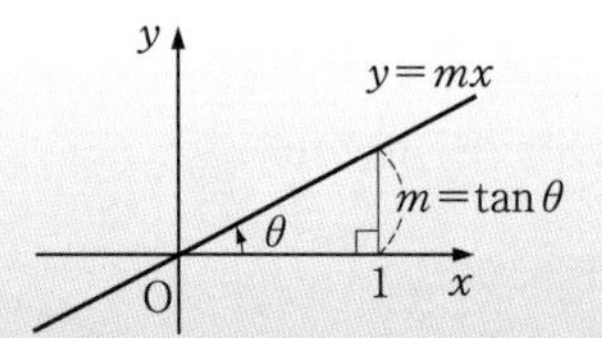

例 94 2直線 $y=-3x$, $y=2x$ のなす角 θ を求めよ。ただし, θ は鋭角とする。

解答 2直線 $y=-3x$, $y=2x$ と x 軸の正の部分とのなす角を, それぞれ α, β とすると, 2直線のなす角 θ は

$$\theta=\alpha-\beta$$

と表される。

$\tan\alpha=-3$, $\tan\beta=2$ であるから, タンジェントの加法定理により

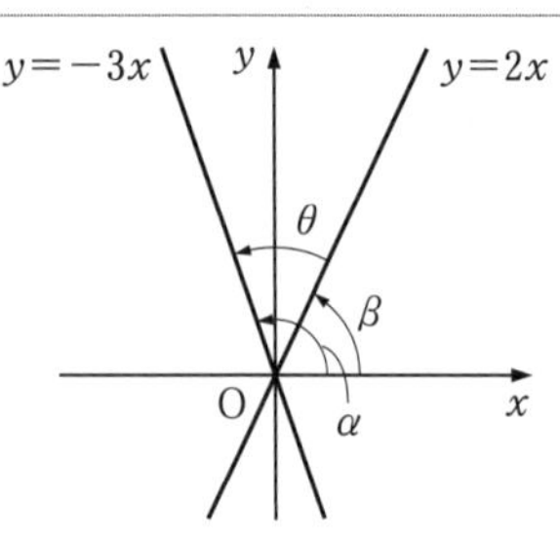

$$\tan\theta=\tan(\alpha-\beta)=\frac{\tan\alpha-\tan\beta}{1+\tan\alpha\tan\beta}=\frac{-3-2}{1+(-3)\cdot 2}=1$$

θ は鋭角であるから　$\boldsymbol{\theta=45^\circ}$

103a 標準 2直線 $y=4x$, $y=\dfrac{3}{5}x$ のなす角 θ を求めよ。ただし, θ は鋭角とする。

103b 標準 2直線 $y=-\dfrac{1}{3}x$, $y=-2x$ のなす角 θ を求めよ。ただし, θ は鋭角とする。

検印

2　2倍角の公式

KEY 77
2倍角の公式

$\sin 2\alpha = 2\sin\alpha\cos\alpha$
$\cos 2\alpha = \cos^2\alpha - \sin^2\alpha = 2\cos^2\alpha - 1 = 1 - 2\sin^2\alpha$
$\tan 2\alpha = \dfrac{2\tan\alpha}{1-\tan^2\alpha}$

例 95　α が第4象限の角で，$\cos\alpha = \dfrac{4}{5}$ のとき，次の値を求めよ。

(1)　$\sin 2\alpha$　　(2)　$\cos 2\alpha$　　(3)　$\tan 2\alpha$

解答　(1)　α は第4象限の角であるから　$\sin\alpha < 0$

よって　$\sin\alpha = -\sqrt{1-\cos^2\alpha} = -\sqrt{1-\left(\dfrac{4}{5}\right)^2} = -\sqrt{\dfrac{9}{25}} = -\dfrac{3}{5}$

したがって，2倍角の公式により　$\sin 2\alpha = 2\sin\alpha\cos\alpha = 2\cdot\left(-\dfrac{3}{5}\right)\cdot\dfrac{4}{5} = -\dfrac{\mathbf{24}}{\mathbf{25}}$

(2)　$\cos 2\alpha = 2\cos^2\alpha - 1 = 2\cdot\left(\dfrac{4}{5}\right)^2 - 1 = \dfrac{\mathbf{7}}{\mathbf{25}}$

(3)　$\tan 2\alpha = \dfrac{\sin 2\alpha}{\cos 2\alpha} = \left(-\dfrac{24}{25}\right) \div \dfrac{7}{25} = -\dfrac{\mathbf{24}}{\mathbf{7}}$

104a 基本　α が第2象限の角で，

$\sin\alpha = \dfrac{1}{3}$ のとき，次の値を求めよ。

(1)　$\sin 2\alpha$

(2)　$\cos 2\alpha$

(3)　$\tan 2\alpha$

104b 基本　α が第3象限の角で，

$\cos\alpha = -\dfrac{2}{3}$ のとき，次の値を求めよ。

(1)　$\sin 2\alpha$

(2)　$\cos 2\alpha$

(3)　$\tan 2\alpha$

検印

KEY 78　2倍角の公式を用いて，$\sin\theta$ と $\cos\theta$ だけを含む方程式に変形する。

2θ の三角関数を含む方程式

例 96　$0 \leqq \theta < 2\pi$ のとき，方程式 $\cos 2\theta + \sin\theta = 0$ を解け。

解答　2倍角の公式により，$\cos 2\theta = 1 - 2\sin^2\theta$ であるから

$1 - 2\sin^2\theta + \sin\theta = 0$　　$2\sin^2\theta - \sin\theta - 1 = 0$　　$(\sin\theta - 1)(2\sin\theta + 1) = 0$

よって　$\sin\theta = 1,\ -\dfrac{1}{2}$　　$0 \leqq \theta < 2\pi$ であるから　$\boldsymbol{\theta = \dfrac{\pi}{2},\ \dfrac{7}{6}\pi,\ \dfrac{11}{6}\pi}$

105a 標準　$0 \leqq \theta < 2\pi$ のとき，次の方程式を解け。

(1)　$\cos 2\theta + \sin\theta = 1$

(2)　$\sin 2\theta = \sqrt{2}\cos\theta$

105b 標準　$0 \leqq \theta < 2\pi$ のとき，次の方程式を解け。

(1)　$\cos 2\theta = 3\cos\theta + 1$

(2)　$\sin 2\theta + 1 = \sin\theta + 2\cos\theta$

検印

3 半角の公式

KEY 79 半角の公式

$\sin^2\frac{\alpha}{2}=\frac{1-\cos\alpha}{2}$　　$\cos^2\frac{\alpha}{2}=\frac{1+\cos\alpha}{2}$　　$\tan^2\frac{\alpha}{2}=\frac{1-\cos\alpha}{1+\cos\alpha}$

例 97 $\sin\frac{5}{8}\pi$ の値を求めよ。

解答　半角の公式により　$\sin^2\frac{5}{8}\pi=\frac{1-\cos\frac{5}{4}\pi}{2}=\left\{1-\left(-\frac{1}{\sqrt{2}}\right)\right\}\div 2=\frac{2+\sqrt{2}}{4}$

$\sin\frac{5}{8}\pi>0$ であるから　$\sin\frac{5}{8}\pi=\frac{\sqrt{2+\sqrt{2}}}{2}$

106a 基本 次の値を求めよ。

(1)　$\cos\frac{3}{8}\pi$

(2)　$\tan\frac{\pi}{8}$

106b 基本 次の値を求めよ。

(1)　$\sin\frac{7}{8}\pi$

(2)　$\cos\left(-\frac{\pi}{8}\right)$

考えてみよう 20　$\pi<\theta<\frac{3}{2}\pi$ で，$\cos\theta=-\frac{1}{3}$ のとき，次の値を求めてみよう。

(1)　$\sin\frac{\theta}{2}$　　(2)　$\cos\frac{\theta}{2}$　　(3)　$\tan\frac{\theta}{2}$

4章 三角関数

検印

4 三角関数の合成

KEY 80
三角関数の合成

$a\sin\theta+b\cos\theta=\sqrt{a^2+b^2}\sin(\theta+\alpha)$

ただし　$\cos\alpha=\dfrac{a}{\sqrt{a^2+b^2}}$,　$\sin\alpha=\dfrac{b}{\sqrt{a^2+b^2}}$

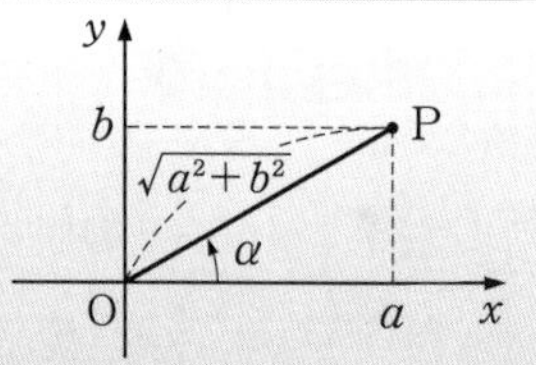

例 98　$\sqrt{2}\sin\theta+\sqrt{6}\cos\theta$ を $r\sin(\theta+\alpha)$ の形に変形せよ。
ただし，$r>0$，$-\pi\leqq\alpha<\pi$ とする。

解答　右の図のように，点 $\mathrm{P}(\sqrt{2},\ \sqrt{6})$ をとると

$\mathrm{OP}=\sqrt{(\sqrt{2})^2+(\sqrt{6})^2}=2\sqrt{2}$，$\alpha=\dfrac{\pi}{3}$

であるから

$\sqrt{2}\sin\theta+\sqrt{6}\cos\theta=\mathbf{2\sqrt{2}\sin\left(\theta+\dfrac{\pi}{3}\right)}$

◀ $\sin\theta$ の係数を x 座標，$\cos\theta$ の係数を y 座標にとる。

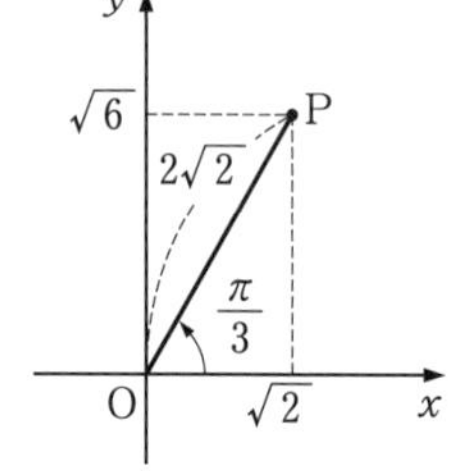

107a 基本　次の式を $r\sin(\theta+\alpha)$ の形に変形せよ。ただし，$r>0$，$-\pi\leqq\alpha<\pi$ とする。

(1)　$-\sin\theta+\cos\theta$

(2)　$-\sin\theta-\cos\theta$

107b 基本　次の式を $r\sin(\theta+\alpha)$ の形に変形せよ。ただし，$r>0$，$-\pi\leqq\alpha<\pi$ とする。

(1)　$3\sin\theta+\sqrt{3}\cos\theta$

(2)　$\dfrac{1}{2}\sin\theta-\dfrac{\sqrt{3}}{2}\cos\theta$

例 99 関数 $y=\sqrt{3}\sin\theta-\cos\theta$ の最大値と最小値を求めよ。

解答 右辺を変形して　$y=\sqrt{3}\sin\theta-\cos\theta=2\sin\left(\theta-\frac{\pi}{6}\right)$

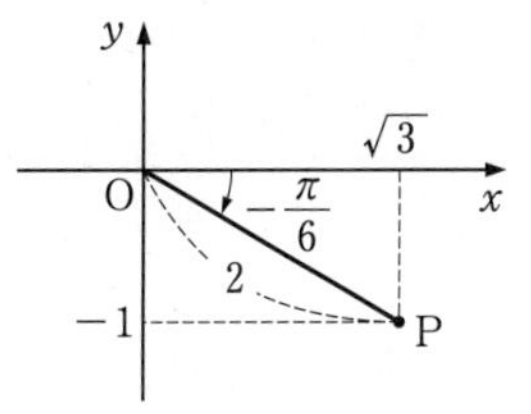

ここで，$-1\leqq\sin\left(\theta-\frac{\pi}{6}\right)\leqq1$ であるから

$-2\leqq2\sin\left(\theta-\frac{\pi}{6}\right)\leqq2$　◀各辺を 2 倍する。

したがって，**最大値は 2，最小値は −2** である。

108a 標準 次の関数の最大値と最小値を求めよ。

(1) $y=-\sin\theta+\sqrt{3}\cos\theta$

(2) $y=\sqrt{6}\sin\theta+3\sqrt{2}\cos\theta$

108b 標準 次の関数の最大値と最小値を求めよ。

(1) $y=6\sin\theta-2\sqrt{3}\cos\theta$

(2) $y=\sin\theta+2\cos\theta$

検印

例題 20 三角関数の合成を用いて解く方程式

$0 \leqq \theta < 2\pi$ のとき，方程式 $\sin\theta + \cos\theta = -1$ を解け。

【ガイド】 ① 三角関数の合成を用いて，$r\sin(\theta+\alpha)=p$ の形に変形する。
② $\theta+\alpha$ のとり得る値の範囲に注意して，①の方程式を解く。

解答 左辺を変形して　$\sqrt{2}\sin\left(\theta+\dfrac{\pi}{4}\right)=-1$

よって　$\sin\left(\theta+\dfrac{\pi}{4}\right)=-\dfrac{1}{\sqrt{2}}$

$0 \leqq \theta < 2\pi$ のとき，$\dfrac{\pi}{4} \leqq \theta+\dfrac{\pi}{4} < \dfrac{9}{4}\pi$ であるから

$\theta+\dfrac{\pi}{4}=\dfrac{5}{4}\pi,\ \dfrac{7}{4}\pi$

したがって　$\boldsymbol{\theta=\pi,\ \dfrac{3}{2}\pi}$

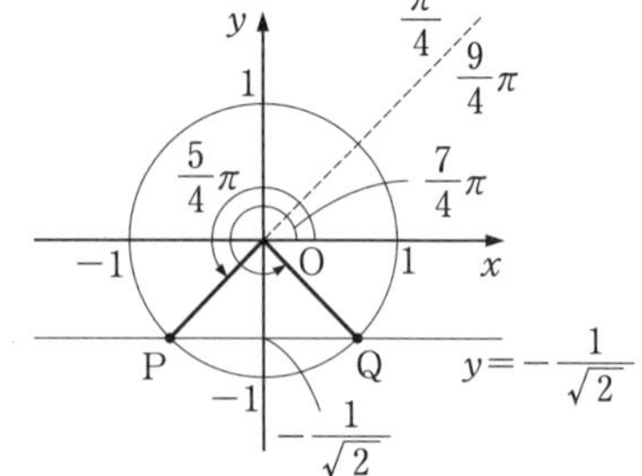

練習 20 $0 \leqq \theta < 2\pi$ のとき，次の方程式を解け。

(1) $\sqrt{3}\sin\theta + \cos\theta = 1$

(2) $\sin\theta - \cos\theta = -\dfrac{1}{\sqrt{2}}$

検印

例題 21 2θの三角関数を含む不等式

$0 \leqq \theta < 2\pi$ のとき，不等式 $\cos 2\theta \geqq 5\cos\theta - 3$ を解け。

【ガイド】① 2倍角の公式を利用して，$\cos\theta$ だけを含む不等式に変形する。
② $\cos\theta$ を1つの文字とみて，2次不等式を解く。このとき，$-1 \leqq \cos\theta \leqq 1$ に注意する。

解答 $\cos 2\theta = 2\cos^2\theta - 1$ であるから　$2\cos^2\theta - 1 \geqq 5\cos\theta - 3$

整理すると　$2\cos^2\theta - 5\cos\theta + 2 \geqq 0$

左辺を因数分解して　$(2\cos\theta - 1)(\cos\theta - 2) \geqq 0$

◀ $\cos\theta$ を x と考えて $2x^2 - 5x + 2 \geqq 0$ $(2x-1)(x-2) \geqq 0$

$-1 \leqq \cos\theta \leqq 1$ であるから　$\cos\theta - 2 < 0$

よって　$2\cos\theta - 1 \leqq 0$

すなわち　$\cos\theta \leqq \frac{1}{2}$

$0 \leqq \theta < 2\pi$ であるから　$\boldsymbol{\frac{\pi}{3} \leqq \theta \leqq \frac{5}{3}\pi}$

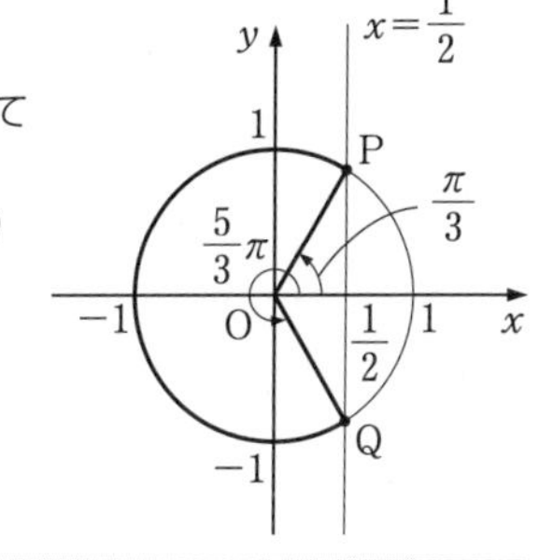

練習 21

$0 \leqq \theta < 2\pi$ のとき，次の不等式を解け。

(1) $\cos 2\theta > 3\sin\theta - 1$

(2) $\cos 2\theta \leqq \cos\theta$

4章 三角関数

検印

5章のウォーミングアップ

1 整数の指数

KEY 81 0の指数，負の整数の指数

$a \neq 0$ で，n が正の整数のとき　$a^0=1$,　$a^{-n}=\dfrac{1}{a^n}$

例 100 次の値を求めよ。

(1) 5^0　(2) 7^{-2}　(3) $\left(\dfrac{2}{3}\right)^{-3}$

解答 (1) $5^0=\mathbf{1}$　(2) $7^{-2}=\dfrac{1}{7^2}=\dfrac{\mathbf{1}}{\mathbf{49}}$　(3) $\left(\dfrac{2}{3}\right)^{-3}=\dfrac{1}{\left(\dfrac{2}{3}\right)^3}=\dfrac{1}{\dfrac{8}{27}}=\dfrac{\mathbf{27}}{\mathbf{8}}$

109a 基本 次の値を求めよ。

(1) 7^0

(2) 3^{-4}

(3) 10^{-1}

(4) $(-2)^{-5}$

109b 基本 次の値を求めよ。

(1) 4^{-2}

(2) 0.3^0

(3) $\left(\dfrac{1}{2}\right)^{-1}$

(4) $\left(\dfrac{4}{3}\right)^{-3}$

検印

KEY 82 指数法則

$a \neq 0$, $b \neq 0$ で，m, n が整数のとき

① $a^m \times a^n = a^{m+n}$　② $a^m \div a^n = a^{m-n}$

③ $(a^m)^n = a^{mn}$　④ $(ab)^n = a^n b^n$

例 101 次の計算をせよ。ただし，$a \neq 0$, $b \neq 0$ とする。

(1) $a^2 \times a^{-4}$　(2) $a^{-3} \div a^{-6}$　(3) $(a^{-1})^{-2}$　(4) $(a^{-2}b)^{-3}$

解答 (1) $a^2 \times a^{-4} = a^{2+(-4)} = \boldsymbol{a^{-2}}$　(2) $a^{-3} \div a^{-6} = a^{-3-(-6)} = \boldsymbol{a^3}$

(3) $(a^{-1})^{-2} = a^{(-1)\times(-2)} = \boldsymbol{a^2}$　(4) $(a^{-2}b)^{-3} = a^{(-2)\times(-3)}b^{-3} = \boldsymbol{a^6 b^{-3}}$

110a 基本 次の計算をせよ。ただし，$a \neq 0$，$b \neq 0$ とする。

(1) $a^{-7} \times a^5$

(2) $a^2 \div a^{-4}$

(3) $(a^{-3})^4$

(4) $(ab^3)^{-2}$

110b 基本 次の計算をせよ。ただし，$a \neq 0$，$b \neq 0$ とする。

(1) $a^3 \times a^{-3}$

(2) $a^{-5} \div a^{-2}$

(3) $(a^3b^{-1})^{-5}$

(4) $a^2 \times a^{-5} \div a^{-6}$

例 102 次の計算をせよ。

(1) $3^{-2} \div 3^{-5}$　　(2) $2^6 \times 4^{-5}$

解答

(1) $3^{-2} \div 3^{-5} = 3^{(-2)-(-5)} = 3^3 = \mathbf{27}$

(2) $2^6 \times 4^{-5} = 2^6 \times (2^2)^{-5} = 2^6 \times 2^{2\times(-5)} = 2^6 \times 2^{-10} = 2^{6+(-10)} = 2^{-4} = \dfrac{1}{2^4} = \mathbf{\dfrac{1}{16}}$

111a 基本 次の計算をせよ。

(1) $7^3 \times 7^{-5}$

(2) $(4^{-2})^{-1}$

111b 基本 次の計算をせよ。

(1) $2^3 \div 2^{-2} \times 2$

(2) $3^{-5} \times 9^2$

検印

2 累乗根

KEY 83 累乗根

$x^n=a$ となる数 x を a の n 乗根という。
a の 2 乗根，3 乗根，……をまとめて，a の累乗根という。

例 103 次の値を求めよ。

(1) $\sqrt[3]{-27}$　　(2) $\sqrt[6]{729}$

解答 (1) $(-3)^3=-27$ であるから $\sqrt[3]{-27}=\mathbf{-3}$　　(2) $3^6=729$ であるから $\sqrt[6]{729}=\mathbf{3}$

112a 基本 次の値を求めよ。

(1) $\sqrt[3]{125}$

(2) $\sqrt[5]{-32}$

(3) $\sqrt[6]{64}$

(4) $\sqrt[3]{\dfrac{1}{27}}$

112b 基本 次の値を求めよ。

(1) $\sqrt[3]{-216}$

(2) $\sqrt[4]{10000}$

(3) $\sqrt[7]{-1}$

(4) $\sqrt[3]{0.008}$

検印

KEY 84 累乗根の性質

$a>0$ のとき $\sqrt[n]{a}>0$, $(\sqrt[n]{a})^n=a$, $\sqrt[n]{a^n}=a$

また, $a>0$, $b>0$ で, m, n が正の整数のとき

1. $\sqrt[n]{a}\sqrt[n]{b}=\sqrt[n]{ab}$
2. $\dfrac{\sqrt[n]{a}}{\sqrt[n]{b}}=\sqrt[n]{\dfrac{a}{b}}$
3. $(\sqrt[n]{a})^m=\sqrt[n]{a^m}$
4. $\sqrt[m]{\sqrt[n]{a}}=\sqrt[mn]{a}$

例 104 次の計算をせよ。

(1) $\sqrt[4]{27}\times\sqrt[4]{3}$　(2) $\dfrac{\sqrt[5]{128}}{\sqrt[5]{4}}$　(3) $(\sqrt[6]{4})^3$　(4) $\sqrt[4]{\sqrt{5}}$

解答

(1) $\sqrt[4]{27}\times\sqrt[4]{3}=\sqrt[4]{27\times3}=\sqrt[4]{3^4}=\mathbf{3}$

(2) $\dfrac{\sqrt[5]{128}}{\sqrt[5]{4}}=\sqrt[5]{\dfrac{128}{4}}=\sqrt[5]{32}=\sqrt[5]{2^5}=\mathbf{2}$

(3) $(\sqrt[6]{4})^3=\sqrt[6]{4^3}=\sqrt[6]{2^6}=\mathbf{2}$

(4) $\sqrt[4]{\sqrt{5}}=\sqrt[4]{\sqrt[2]{5}}=\sqrt[4\times2]{5}=\mathbf{\sqrt[8]{5}}$

113a 基本 次の計算をせよ。

(1) $\sqrt[6]{9}\times\sqrt[6]{81}$

(2) $\dfrac{\sqrt[3]{24}}{\sqrt[3]{3}}$

(3) $(\sqrt[3]{7})^2$

(4) $\sqrt[4]{\sqrt[3]{3}}$

113b 基本 次の計算をせよ。

(1) $\sqrt[3]{12}\times\sqrt[3]{18}$

(2) $\dfrac{\sqrt[4]{4}}{\sqrt[4]{64}}$

(3) $(\sqrt[4]{25})^2$

(4) $\sqrt{\sqrt[5]{6}}$

検印

3 指数の拡張

KEY 85 有理数の指数

$a>0$ で，m，n を正の整数，r を正の有理数とするとき

$$a^{\frac{m}{n}}=\sqrt[n]{a^m}=(\sqrt[n]{a})^m \qquad \text{とくに} \qquad a^{\frac{1}{n}}=\sqrt[n]{a},\quad a^{-r}=\frac{1}{a^r}$$

例 105 次の数を根号を用いて表せ。

(1) $2^{\frac{2}{5}}$　　(2) $15^{\frac{1}{4}}$　　(3) $3^{-\frac{2}{7}}$

解答 (1) $2^{\frac{2}{5}}=\sqrt[5]{2^2}=\sqrt[5]{4}$　　(2) $15^{\frac{1}{4}}=\sqrt[4]{15}$　　(3) $3^{-\frac{2}{7}}=\dfrac{1}{3^{\frac{2}{7}}}=\dfrac{1}{\sqrt[7]{3^2}}=\dfrac{1}{\sqrt[7]{9}}$

114a 基本 次の数を根号を用いて表せ。

(1) $3^{\frac{3}{4}}$

(2) $10^{\frac{1}{2}}$

(3) $6^{-\frac{1}{5}}$

114b 基本 次の数を根号を用いて表せ。

(1) $4^{-\frac{2}{3}}$

(2) $20^{\frac{1}{4}}$

(3) $8^{-\frac{1}{3}}$

115a 基本 次の式を $a^{\frac{m}{n}}$ の形になおせ。ただし，$a>0$ とする。

(1) $\sqrt[3]{a^4}$

(2) $\dfrac{1}{\sqrt[5]{a^2}}$

115b 基本 次の式を $a^{\frac{m}{n}}$ の形になおせ。ただし，$a>0$ とする。

(1) $(\sqrt[4]{a})^5$

(2) $\left(\dfrac{1}{\sqrt{a}}\right)^3$

検印

KEY 86 拡張された指数法則

$a>0$, $b>0$ で, r, s が有理数のとき

1 $a^r \times a^s = a^{r+s}$　　2 $a^r \div a^s = a^{r-s}$

3 $(a^r)^s = a^{rs}$　　4 $(ab)^r = a^r b^r$

例 106 $8^{\frac{1}{2}} \times 8^{\frac{5}{6}}$ を計算せよ。

解答　$8^{\frac{1}{2}} \times 8^{\frac{5}{6}} = 8^{\frac{1}{2}+\frac{5}{6}} = 8^{\frac{3+5}{6}} = 8^{\frac{4}{3}} = (2^3)^{\frac{4}{3}} = 2^{3\times\frac{4}{3}} = 2^4 = \mathbf{16}$

116a 基本 次の計算をせよ。

(1) $4^{\frac{2}{5}} \times 4^{\frac{8}{5}}$

(2) $7^{\frac{5}{6}} \div 7^{\frac{1}{3}}$

(3) $32^{\frac{2}{5}}$

116b 基本 次の計算をせよ。

(1) $(9^{\frac{2}{3}})^{-\frac{3}{4}}$

(2) $5^{\frac{5}{6}} \times 5^{-\frac{1}{2}} \div 5^{\frac{1}{3}}$

(3) $(3^{\frac{5}{6}})^3 \div 3^{\frac{1}{2}}$

例 107 $\sqrt[8]{9} \times \sqrt[4]{27}$ を計算せよ。

解答　$\sqrt[8]{9} \times \sqrt[4]{27} = \sqrt[8]{3^2} \times \sqrt[4]{3^3} = 3^{\frac{2}{8}} \times 3^{\frac{3}{4}} = 3^{\frac{1}{4}+\frac{3}{4}} = 3^1 = \mathbf{3}$

117a 標準 次の計算をせよ。

(1) $\sqrt[6]{8} \times \sqrt[4]{4}$

(2) $\sqrt{3} \times \sqrt[6]{3} \times \sqrt[3]{3}$

117b 標準 次の計算をせよ。

(1) $\sqrt[5]{81} \times \sqrt[10]{9}$

(2) $\sqrt{2} \times \sqrt[4]{8} \div \sqrt[4]{2}$

検印

4 指数関数の性質の利用

KEY 87 数の大小関係

底を統一して，指数の大小を比べる。

$a>1$ のとき　$r<s \iff a^r<a^s$

$0<a<1$ のとき　$r<s \iff a^r>a^s$

例 108 3 つの数 5，$\sqrt{5}$，$\sqrt[3]{25}$ の大小を，不等号＜を用いて表せ。

解答 $5=5^1$，$\sqrt{5}=5^{\frac{1}{2}}$，$\sqrt[3]{25}=5^{\frac{2}{3}}$ であるから，指数の大小は　$\dfrac{1}{2}<\dfrac{2}{3}<1$

底 5 は 1 より大きいから　$5^{\frac{1}{2}}<5^{\frac{2}{3}}<5^1$　　すなわち　$\boldsymbol{\sqrt{5}<\sqrt[3]{25}<5}$

118a 基本 次の 3 つの数の大小を，不等号 ＜ を用いて表せ。

(1)　1，$2^{0.5}$，$2^{\frac{1}{3}}$

(2)　$\dfrac{1}{3}$，$\left(\dfrac{1}{3}\right)^2$，$\left(\dfrac{1}{3}\right)^{-2}$

118b 基本 次の 3 つの数の大小を，不等号 ＜ を用いて表せ。

(1)　5^2，$5^{-\frac{2}{3}}$，$5^{-\frac{3}{10}}$

(2)　$\sqrt{0.1}$，$\sqrt[3]{0.1^2}$，$\sqrt[4]{0.1^3}$

119a 標準 3 つの数 9，$\sqrt{27}$，$\sqrt[3]{81}$ の大小を，不等号 ＜ を用いて表せ。

119b 標準 3 つの数 $\sqrt[3]{\dfrac{1}{4}}$，$\left(\dfrac{1}{2}\right)^3$，1 の大小を，不等号 ＜ を用いて表せ。

検印

KEY 88 指数関数を含む方程式・不等式

両辺を同じ底の累乗で表し，指数を比べる。
不等式では，底の値が 1 より大きいか小さいかで不等号の向きが変わる。

$a>1$ のとき，　$r<s \iff a^r<a^s$
$0<a<1$ のとき，　$r<s \iff a^r>a^s$

例 109 次の方程式，不等式を解け。

(1) $16^x=8$　　(2) $(\sqrt{3})^x>\frac{1}{3}$

解答 (1) $16^x=(2^4)^x=2^{4x}$，$8=2^3$ であるから　$2^{4x}=2^3$

指数を比べて　$4x=3$　　よって　$\boldsymbol{x=\frac{3}{4}}$

◀ $a>0$，$a\neq1$ のとき，$r=s \iff a^r=a^s$ が成り立つ。

(2) $(\sqrt{3})^x=(3^{\frac{1}{2}})^x=3^{\frac{x}{2}}$，$\frac{1}{3}=3^{-1}$ であるから　$3^{\frac{x}{2}}>3^{-1}$

底 3 は 1 より大きいから　$\frac{x}{2}>-1$　　よって　$\boldsymbol{x>-2}$

120a 標準 次の方程式を解け。

(1) $5^{x+1}=125$

(2) $3^{1-x}=9^x$

120b 標準 次の方程式を解け。

(1) $4^x=32$

(2) $(\sqrt{10})^x=0.1$

121a 標準 次の不等式を解け。

(1) $8^{x-1}<2$

(2) $\left(\frac{1}{3}\right)^x\geqq81$

121b 標準 次の不等式を解け。

(1) $(\sqrt{5})^x\leqq0.2$

(2) $6^{x-1}>36^{x+1}$

検印

例題 22 指数関数を含むやや複雑な方程式・不等式

次の方程式，不等式を解け。

(1) $4^x-7\cdot2^x-8=0$ (2) $4^x+2^{x+1}-3<0$

【ガイド】 $2^x=t$ とおいて，方程式や不等式を t を用いて表す。

解答 (1) 方程式を変形すると $(2^x)^2-7\cdot2^x-8=0$ ◀$4^x=(2^2)^x=2^{2x}=(2^x)^2$

$2^x=t$ とおくと $t^2-7t-8=0$

よって $(t+1)(t-8)=0$

$2^x>0$ より，$t>0$ であるから $t=8$

すなわち $2^x=8$

これを解いて $\boldsymbol{x=3}$ ◀$8=2^3$

(2) 不等式を変形すると $(2^x)^2+2\cdot2^x-3<0$ ◀$2^{x+1}=2^x\times2=2\cdot2^x$

$2^x=t$ とおくと $t^2+2t-3<0$

よって $(t+3)(t-1)<0$

$2^x>0$ より，$t>0$ であるから $0<t<1$ ◀$(t+3)(t-1)<0$ より $-3<t<1$ これと $t>0$ の共通な範囲を求める。

すなわち $0<2^x<1$

これを解いて $\boldsymbol{x<0}$ ◀$1=2^0$

練習 22

次の方程式，不等式を解け。

(1) $9^x+3^{x+1}-4=0$

(2) $25^x-4\cdot5^x-5<0$

検印

例題 23　関数の最大・最小

関数 $y=4^x-2^{x+2}+3$ $(-1\leqq x\leqq 2)$ の最大値と最小値を求めよ。また，そのときの x の値を求めよ。

【ガイド】 $2^x=t$ とおき，y を t の 2 次関数で表す。t の範囲に注意する。

解答 $y=4^x-2^{x+2}+3=(2^x)^2-4\cdot 2^x+3$

ここで，$2^x=t$ とおくと　$y=t^2-4t+3=(t-2)^2-1$

また，$-1\leqq x\leqq 2$ より，$2^{-1}\leqq 2^x\leqq 2^2$ であるから　$\dfrac{1}{2}\leqq t\leqq 4$

したがって，$t=4$ のとき最大値 3，$t=2$ のとき最小値 -1 をとる。

すなわち，$2^x=4$ より，**$x=2$ のとき最大値 3**

$2^x=2$ より，**$x=1$ のとき最小値 -1**

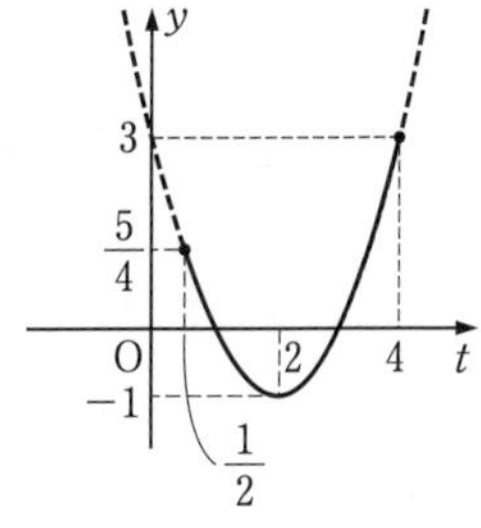

練習 23

関数 $y=9^x-2\cdot 3^{x+1}+10$ $(0\leqq x\leqq 2)$ の最大値と最小値を求めよ。また，そのときの x の値を求めよ。

5章　指数関数・対数関数

検印

2 節 対数関数

1 対数

KEY 89 指数と対数

$a>0$, $a \neq 1$, $M>0$ のとき

$M=a^p \iff \log_a M=p$　　　$\log_a a^p=p$

例 110 (1) $2^4=16$ を，$\log_a M=p$ の形に書きなおせ。

(2) $\log_{\frac{1}{5}} 25=-2$ を，$a^p=M$ の形に書きなおせ。

解答 (1) $\log_2 16=4$　　(2) $\left(\frac{1}{5}\right)^{-2}=25$

122a 基本 次の等式を，$\log_a M=p$ の形に書きなおせ。

(1) $4^2=16$

(2) $7^0=1$

122b 基本 次の等式を，$\log_a M=p$ の形に書きなおせ。

(1) $3^{-1}=\frac{1}{3}$

(2) $6^{\frac{1}{2}}=\sqrt{6}$

123a 基本 次の等式を $a^p=M$ の形に書きなおせ。

(1) $\log_{10} 1000=3$

(2) $\log_{\frac{1}{3}} 9=-2$

123b 基本 次の等式を $a^p=M$ の形に書きなおせ。

(1) $\log_6 \frac{1}{6}=-1$

(2) $\log_{81} 3=\frac{1}{4}$

124a 基本 方程式 $\log_4 x=3$ を解け。

124b 基本 方程式 $\log_7 x=1$ を解け。

検印

KEY 90
$\log_a M$ の値

① $\log_a a^p = p$ を利用する。
② $\log_a M = x$ とおいて，指数方程式 $a^x = M$ を解き，x の値を求める。

例 111 次の値を求めよ。

(1) $\log_2 64$　　(2) $\log_9 27$

解答 (1) $\log_2 64 = \log_2 2^6 = \mathbf{6}$

(2) $\log_9 27 = x$ とおくと　$9^x = 27$

$9^x = (3^2)^x = 3^{2x}$，$27 = 3^3$ であるから　$3^{2x} = 3^3$

よって　$2x = 3$　これを解いて　$x = \dfrac{3}{2}$　すなわち　$\log_9 27 = \dfrac{3}{2}$

125a 基本 次の値を求めよ。

(1) $\log_3 9$

(2) $\log_2 \dfrac{1}{16}$

125b 基本 次の値を求めよ。

(1) $\log_{\frac{1}{2}} 2$

(2) $\log_7 \sqrt{7}$

126a 基本 次の値を求めよ。

(1) $\log_8 32$

(2) $\log_{\frac{1}{9}} 3$

126b 基本 次の値を求めよ。

(1) $\log_{27} \dfrac{1}{3}$

(2) $\log_{\sqrt{2}} 16$

5章 指数関数・対数関数

検印

2 対数の性質

KEY 91
対数の性質

$a>0$，$a \neq 1$，$M>0$，$N>0$ で，r を実数とすると

① $\log_a MN=\log_a M+\log_a N$　② $\log_a \dfrac{M}{N}=\log_a M-\log_a N$

③ $\log_a M^r=r\log_a M$

また，とくに　$\log_a 1=0$，　$\log_a a=1$

例 112 $\log_2 25-2\log_2 10$ を計算せよ。

解答　$\log_2 25-2\log_2 10=\log_2 25-\log_2 10^2=\log_2 \dfrac{25}{100}=\log_2 \dfrac{1}{4}=\log_2 2^{-2}=-2$

127a 基本 次の計算をせよ。

(1) $\log_6 2+\log_6 3$

(2) $\log_5 100-\log_5 4$

127b 基本 次の計算をせよ。

(1) $\log_3 15+\log_3 \dfrac{3}{5}$

(2) $\log_8 2-\log_8 16$

128a 標準 次の計算をせよ。

(1) $\log_3 25+2\log_3 \dfrac{3}{5}$

(2) $2\log_6 \sqrt{30}-\log_6 5$

128b 標準 次の計算をせよ。

(1) $\log_2 \dfrac{2}{3}+\dfrac{1}{2}\log_2 36$

(2) $\log_2 \sqrt{48}-\dfrac{1}{2}\log_2 3$

129a 標準 次の計算をせよ。

$\log_3 54+\log_3 6-2\log_3 2$

129b 標準 次の計算をせよ。

$4\log_2\sqrt{2}-\frac{1}{2}\log_2 3+\log_2\frac{\sqrt{3}}{2}$

検印

KEY 92 底の変換公式

a，b，c が正の数で，$a\neq1$，$c\neq1$ のとき　$\log_a b=\dfrac{\log_c b}{\log_c a}$

例 113 $\log_8 16$ の値を求めよ。

解答　$\log_8 16=\dfrac{\log_2 16}{\log_2 8}=\dfrac{\log_2 2^4}{\log_2 2^3}=\dfrac{4}{3}$

130a 基本 次の値を求めよ。

(1)　$\log_{81} 27$

(2)　$\log_8\frac{1}{4}$

130b 基本 次の値を求めよ。

(1)　$\log_{36}\sqrt{6}$

(2)　$\log_3 12-\log_9 16$

考えてみよう 21 $\log_{10}2=a$，$\log_{10}3=b$ とするとき，$\log_2 9$ を a，b で表してみよう。

検印

3 対数関数の性質の利用

KEY 93 数の大小関係

底を統一して，真数の大小を比べる。

$a>1$ のとき　　$r<s \iff \log_a r<\log_a s$

$0<a<1$ のとき　　$r<s \iff \log_a r>\log_a s$

例 114 3つの数 $\log_5 3$，1，$4\log_5\sqrt{2}$ の大小を，不等号 < を用いて表せ。

解答　$1=\log_5 5$，$4\log_5\sqrt{2}=\log_5(\sqrt{2})^4=\log_5 4$ であるから，真数の大小は　$3<4<5$

底5は1より大きいから　$\log_5 3<\log_5 4<\log_5 5$　　したがって　$\mathbf{\log_5 3<4\log_5\sqrt{2}<1}$

131a 基本 次の3つの数の大小を，不等号 < を用いて表せ。

(1) $\log_{\frac{1}{5}}\dfrac{1}{2}$，$\log_{\frac{1}{5}}\dfrac{1}{4}$，$\log_{\frac{1}{5}}\dfrac{1}{3}$

(2) $\log_3 5$，$2\log_3 2$，1

131b 基本 次の3つの数の大小を，不等号 < を用いて表せ。

(1) $\log_6 7$，$2\log_6\sqrt{5}$，$3\log_6 2$

(2) $2\log_{\frac{1}{2}}\dfrac{1}{\sqrt{3}}$，$-1$，$\log_{\frac{1}{2}}\sqrt{3}$

132a 標準 3つの数2，$\log_2 3$，$\log_4 6$ の大小を，不等号 < を用いて表せ。

132b 標準 3つの数 $\log_{\frac{1}{2}}5$，$\log_{\frac{1}{4}}9$，0の大小を，不等号 < を用いて表せ。

検印

KEY 94
対数関数を含む方程式

① 真数は正であることから x の値の範囲を求める。
② 両辺を同じ底の対数で表し，真数を比べ，x の方程式を作って解く。

例 115 方程式 $\log_2 x+\log_2(x-3)=2$ を解け。

解答 真数は正であるから　$x>0$ かつ $x-3>0$　　すなわち　$x>3$　……①
方程式を変形すると　$\log_2 x(x-3)=\log_2 4$
真数を比べると　$x(x-3)=4$　　$x^2-3x-4=0$　　$(x+1)(x-4)=0$
よって　$x=-1,\ 4$　　①から　$\boldsymbol{x=4}$

133a 標準 次の方程式を解け。

(1) $\log_5 x+\log_5(x-4)=1$

(2) $\log_{10}(x-2)+\log_{10}(x-5)=1$

133b 標準 次の方程式を解け。

(1) $\log_2(x+1)+\log_2(x-2)=2$

(2) $\log_2(3x+2)+\log_2(x+1)=1$

検印

KEY 95 対数関数を含む不等式

① 真数は正であることから x の値の範囲を求める。
② 両辺を同じ底の対数で表し，真数を比べる。

例 116 不等式 $\log_{\frac{1}{3}}(x+1)>2$ を解け。

解答 真数は正であるから　$x+1>0$　　すなわち　$x>-1$　……①

不等式を変形すると　$\log_{\frac{1}{3}}(x+1)>\log_{\frac{1}{3}}\frac{1}{9}$

底 $\frac{1}{3}$ は1より小さいから，真数を比べると　$x+1<\frac{1}{9}$　　よって　$x<-\frac{8}{9}$　……②

①，②の共通な範囲を求めて　$\boldsymbol{-1<x<-\frac{8}{9}}$

134a 標準 次の不等式を解け。

(1) $\log_2(x+3)<4$

(2) $\log_{\frac{1}{3}}(x+2)>1$

134b 標準 次の不等式を解け。

(1) $\log_5(2-x)\geqq 1$

(2) $\log_{\frac{1}{2}}(3x-1)\leqq -1$

検印

4 常用対数

KEY 96 常用対数の値

10を底とする対数を常用対数という。
正の数 N は，$N=a\times10^n$ ただし，n は整数で $1\leqq a<10$
の形に表すことができる。このとき，N の常用対数は次のようになる。

$$\log_{10}N=\log_{10}(a\times10^n)=\log_{10}a+n$$

例 117 常用対数表を用いて，$\log_{10}3850$ の値を小数第 4 位まで求めよ。

解答 $\log_{10}3850=\log_{10}(3.85\times10^3)=\log_{10}3.85+\log_{10}10^3$ ◀$a\times10^n$ の形で表す。
$=0.5855+3=\mathbf{3.5855}$ ◀巻末の常用対数表から $\log_{10}3.85=0.5855$

135a 基本 巻末の常用対数表を用いて，次の値を小数第 4 位まで求めよ。

(1) $\log_{10}298$

(2) $\log_{10}0.617$

135b 基本 巻末の常用対数表を用いて，次の値を小数第 4 位まで求めよ。

(1) $\log_{10}1200$

(2) $\log_{10}0.0841$

KEY 97 常用対数と桁数

自然数 N，k について，次のことが成り立つ。
N が k 桁 $\Longleftrightarrow$ $10^{k-1}\leqq N<10^k$

例 118 3^{20} の桁数を求めよ。ただし，$\log_{10}3=0.4771$ とする。

解答 $3^{20}=10^r$ とおくと $r=\log_{10}3^{20}=20\log_{10}3=20\times0.4771=9.542$ よって $3^{20}=10^{9.542}$
$10^9<10^{9.542}<10^{10}$ であるから $10^9<3^{20}<10^{10}$ したがって，3^{20} は**10桁**の数である。

136a 標準 7^{10} の桁数を求めよ。ただし，$\log_{10}7=0.8451$ とする。

136b 標準 5^{20} の桁数を求めよ。ただし，$\log_{10}5=0.6990$ とする。

検印

検印

例題 24 対数関数を含む関数の最大値・最小値

$1 \leqq x \leqq 27$ のとき，関数 $y=(\log_3 x)^2-2\log_3 x$ の最大値と最小値を求めよ。また，そのときの x の値を求めよ。

【ガイド】 $\log_3 x=t$ とおくと，y は t についての 2 次関数で表される。
t のとり得る値の範囲に注意する。

解答 $1 \leqq x \leqq 27$ より

$$\log_3 1 \leqq \log_3 x \leqq \log_3 27$$

すなわち　$0 \leqq \log_3 x \leqq 3$

$\log_3 x=t$ とおくと　$0 \leqq t \leqq 3$

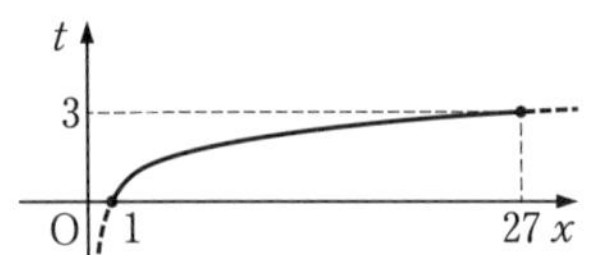

y を，t を用いて表すと

$$y=t^2-2t=(t-1)^2-1$$

よって，右のグラフから，y は

$t=3$ のとき，最大値 3 をとり，

$t=1$ のとき，最小値 -1 をとる。

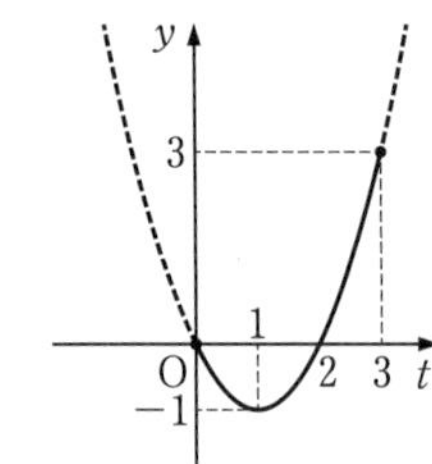

ここで，

$t=3$ のとき　$\log_3 x=3$　　よって　$x=3^3=27$

$t=1$ のとき　$\log_3 x=1$　　よって　$x=3^1=3$

したがって，この関数は

$x=27$ のとき，最大値 3 をとり，

$x=3$ のとき，最小値 -1 をとる。

練習 24

$\frac{1}{2} \leqq x \leqq 4$ のとき，関数 $y=(\log_2 x)^2-2\log_2 x+4$ の最大値と最小値を求めよ。また，そのときの x の値を求めよ。

検印

例題 25　小数首位

$\left(\dfrac{1}{7}\right)^{10}$ を小数で表したとき，小数第何位に初めて 0 でない数字が現れるか。

ただし，$\log_{10}7=0.8451$ とする。

【ガイド】正の数 M が小数第 k 位に初めて 0 でない数字が現れる数ならば，$10^{-k}\leqq M<10^{-k+1}$ が成り立つ。
逆に，$10^{-k}\leqq M<10^{-k+1}$ を満たす正の数 M は，小数第 k 位に初めて 0 でない数字が現れる。
したがって，一般に，正の数 M と自然数 k について，次のことが成り立つ。

M は小数第 k 位に初めて 0 でない数が現れる $\iff$ $10^{-k}\leqq M<10^{-k+1}$

◀たとえば，$10^{-3}\leqq M<10^{-2}$ すなわち，$0.001\leqq M<0.01$ を満たす M は，小数第 3 位に初めて 0 でない数字が現れる数である。

このことから，$\left(\dfrac{1}{7}\right)^{10}=10^r$ となる r の値を求めて，$\left(\dfrac{1}{7}\right)^{10}$ を 10^r の形に表し，$10^{-k}\leqq\left(\dfrac{1}{7}\right)^{10}<10^{-k+1}$ を満たす k の値を求める。

解答　$\left(\dfrac{1}{7}\right)^{10}=10^r$ とおくと

$r=\log_{10}\left(\dfrac{1}{7}\right)^{10}=\log_{10}7^{-10}=-10\log_{10}7=-10\times0.8451=-8.451$

よって　　$\left(\dfrac{1}{7}\right)^{10}=10^{-8.451}$

$10^{-9}<10^{-8.451}<10^{-8}$ であるから　　$10^{-9}<\left(\dfrac{1}{7}\right)^{10}<10^{-8}$

したがって，$\left(\dfrac{1}{7}\right)^{10}$ は，**小数第 9 位**に初めて 0 でない数字が現れる。

練習 25　$\left(\dfrac{1}{3}\right)^{20}$ を小数で表したとき，小数第何位に初めて 0 でない数字が現れるか。ただし，$\log_{10}3=0.4771$ とする。

検印

1節 微分係数と導関数

1 平均変化率と微分係数

KEY 98 平均変化率

x の値が a から b まで変化するときの関数 $f(x)$ の平均変化率は $\dfrac{f(b)-f(a)}{b-a}$

x の値が a から $a+h$ まで変化するときの関数 $f(x)$ の平均変化率は $\dfrac{f(a+h)-f(a)}{h}$

例 119 2次関数 $f(x)=3x^2$ において，x が次のように変化するときの平均変化率を求めよ。

(1) -1 から 2 まで　　(2) -1 から $-1+h$ まで

解答 (1) $\dfrac{f(2)-f(-1)}{2-(-1)}=\dfrac{3\cdot 2^2-3\cdot(-1)^2}{2-(-1)}=\mathbf{3}$

(2) $\dfrac{f(-1+h)-f(-1)}{h}=\dfrac{3(-1+h)^2-3\cdot(-1)^2}{h}=\dfrac{3(1-2h+h^2)-3}{h}$

$=\dfrac{-6h+3h^2}{h}=\dfrac{h(-6+3h)}{h}=\mathbf{-6+3h}$

137a 基本 2次関数 $f(x)=x^2$ において，x が次のように変化するときの平均変化率を求めよ。

(1) 2 から 5 まで

(2) 3 から $3+h$ まで

137b 基本 2次関数 $f(x)=-3x^2$ において，x が次のように変化するときの平均変化率を求めよ。

(1) -1 から 3 まで

(2) a から $a+h$ まで

検印

KEY 99 微分係数

関数 $f(x)$ の $x=a$ における微分係数 $f'(a)$ は

$$f'(a)=\lim_{h\to 0}\frac{f(a+h)-f(a)}{h}$$

例 120 関数 $f(x)=3x^2$ において，微分係数 $f'(2)$，$f'(a)$ を定義より求めよ。

解答

$$f'(2)=\lim_{h\to 0}\frac{f(2+h)-f(2)}{h}=\lim_{h\to 0}\frac{3(2+h)^2-3\cdot 2^2}{h}=\lim_{h\to 0}\frac{12h+3h^2}{h}=\lim_{h\to 0}(12+3h)=\mathbf{12}$$

$$f'(a)=\lim_{h\to 0}\frac{f(a+h)-f(a)}{h}=\lim_{h\to 0}\frac{3(a+h)^2-3a^2}{h}=\lim_{h\to 0}\frac{6ah+3h^2}{h}=\lim_{h\to 0}(6a+3h)=\boldsymbol{6a}$$

138a 基本 関数 $f(x)=x^2-3x$ において，次の微分係数を定義より求めよ。

(1) $f'(2)$

(2) $f'(a)$

138b 基本 関数 $f(x)=-x^2+2x$ において，次の微分係数を定義より求めよ。

(1) $f'(-1)$

(2) $f'(a)$

検印

2 導関数，関数の微分

KEY 100 導関数の定義

関数 $f(x)$ の導関数 $f'(x)$ は　$f'(x)=\lim_{h\to 0}\frac{f(x+h)-f(x)}{h}$

例 121 関数 $f(x)=2x^3$ を定義にしたがって微分せよ。

解答 $f'(x)=\lim_{h\to 0}\frac{2(x+h)^3-2x^3}{h}=\lim_{h\to 0}\frac{6x^2h+6xh^2+2h^3}{h}=\lim_{h\to 0}(6x^2+6xh+2h^2)=\boldsymbol{6x^2}$

139a 基本 関数 $f(x)=3x^2+1$ を定義にしたがって微分せよ。

139b 基本 関数 $f(x)=-x^3$ を定義にしたがって微分せよ。

検印

KEY 101 関数の微分

① n が正の整数のとき　$(x^n)'=nx^{n-1}$

② 定数関数 $f(x)=c$ について　$f'(x)=(c)'=0$

③ $\{kf(x)\}'=kf'(x)$　ただし，k は定数

④ $\{f(x)+g(x)\}'=f'(x)+g'(x)$

⑤ $\{f(x)-g(x)\}'=f'(x)-g'(x)$

例 122 関数 $y=\frac{1}{3}x^3+\frac{3}{2}x^2-2x+1$ を微分せよ。

解答 $y'=\left(\frac{1}{3}x^3+\frac{3}{2}x^2-2x+1\right)'=\left(\frac{1}{3}x^3\right)'+\left(\frac{3}{2}x^2\right)'-(2x)'+(1)'$

$=\frac{1}{3}(x^3)'+\frac{3}{2}(x^2)'-2(x)'+(1)'=\frac{1}{3}\cdot 3x^2+\frac{3}{2}\cdot 2x-2\cdot 1+0=\boldsymbol{x^2+3x-2}$

140a 基本 次の関数を微分せよ。

(1) $y=-x+4$

(2) $y=2$

(3) $y=\frac{3}{2}x^2-3x+1$

(4) $y=3x^3+4x^2-6x-7$

(5) $y=-x^4+2x^2-5$

140b 基本 次の関数を微分せよ。

(1) $y=x^2-5x$

(2) $y=-\frac{1}{2}$

(3) $y=-4x^2-3$

(4) $y=-\frac{1}{3}x^3+x^2-4x$

(5) $y=2x^4-x^3-\frac{3}{2}x^2+3$

検印

KEY 102 式を展開してから微分する。

やや複雑な関数の導関数

例 123 関数 $y=x^2(x-4)$ を微分せよ。

解答 $y=x^2(x-4)=x^3-4x^2$ よって $y'=(x^3)'-4(x^2)'=\mathbf{3x^2-8x}$

141a 標準 次の関数を微分せよ。

(1) $y=(x+5)(x-2)$

(2) $y=-3x^2(x-1)$

(3) $y=(x-3)(x^2+2)$

(4) $y=(x+2)^3$

141b 標準 次の関数を微分せよ。

(1) $y=(-x+1)(3x-2)$

(2) $y=(2x-1)^2$

(3) $y=(x+1)^2-2(x^2+3)$

(4) $y=(2x^2-1)(x^2+x+1)$

検印

KEY 103 変数が x の場合と同じように微分する。

x 以外の関数の微分

例 124 関数 $V=t^3-4t$ を t について微分せよ。

解答　$V'=3t^2-4$

142a 基本 次の関数を，[　]内で示された変数について微分せよ。

(1) $h=-t^2+3t-2$ $[t]$

(2) $S=a(a+1)$ $[a]$

(3) $V=\pi r^2h$ $[r]$

142b 基本 次の関数を，[　]内で示された変数について微分せよ。

(1) $x=\dfrac{1}{2}t^2-t$ $[t]$

(2) $V=\dfrac{1}{3}(r+1)^3$ $[r]$

(3) $V=\dfrac{4}{3}\pi r^3+10\pi r^2$ $[r]$

6章 微分と積分

検印

KEY 104 関数 $f(x)$ の導関数 $f'(x)$ がわかっているとき，$x=a$ を代入すれば，微分係数 $f'(a)$ を求めることができる。

微分係数の計算

例 125 関数 $f(x)=x^2-5x+3$ において，$f'(1)$，$f'(-2)$ をそれぞれ求めよ。

解答　$f'(x)=2x-5$ であるから　$f'(1)=2\cdot1-5=-3$，$f'(-2)=2\cdot(-2)-5=-9$

143a 基本 関数 $f(x)=-x^2+4x-1$ において，$f'(2)$，$f'(-1)$ をそれぞれ求めよ。

143b 基本 関数 $f(x)=2x^3+x^2-3x$ において，$f'(0)$，$f'(-2)$ をそれぞれ求めよ。

検印

3 接線の方程式

KEY 105 接線の方程式

曲線 $y=f(x)$ 上の点 $(a,\ f(a))$ における接線の方程式は

$$y-f(a)=f'(a)(x-a)$$

例 126 放物線 $y=3x^2$ 上の点 A(1, 3) における接線の方程式を求めよ。

解答　$f(x)=3x^2$ とおくと，$f'(x)=6x$ であるから　$f'(1)=6$
したがって，求める接線の方程式は　$y-3=6(x-1)$　すなわち　$\boldsymbol{y=6x-3}$

144a 基本 次の放物線上の点 A における接線の方程式を求めよ。

(1)　$y=x^2+3$，A(1, 4)

(2)　$y=-2x^2-6x$，A(−2, 4)

144b 基本 次の放物線上の点 A における接線の方程式を求めよ。

(1)　$y=x^2-x$，A(1, 0)

(2)　$y=x^2+4x-1$，A(−3, −4)

145a 基本 次の放物線上で，x 座標が [　] 内の点における接線の方程式を求めよ。

(1)　$y=2x^2+1$，$[x=-1]$

(2)　$y=x^2-3x+2$　$[x=1]$

145b 基本 次の放物線上で，x 座標が [　] 内の点における接線の方程式を求めよ。

(1)　$y=-x^2+2x$，$[x=2]$

(2)　$y=2x^2+4x-3$，$[x=-3]$

検印

KEY 106 曲線外の点から引いた接線の方程式

① 接点の x 座標を a とおいて，接線の方程式を a の式で表す。
② ①の式に曲線外の通過点の座標を代入すると，a についての方程式が得られる。
③ ②の方程式を解いて，①に代入する。

例 127 点 $(1,\ -6)$ から放物線 $y=2x^2$ に引いた接線の方程式を求めよ。

解答 接点の座標を $(a,\ 2a^2)$ とおく。
$y'=4x$ であるから，接線の傾きは $4a$ である。
よって，接線の方程式は　$y-2a^2=4a(x-a)$　すなわち　$y=4ax-2a^2$　……①
接線①が点 $(1,\ -6)$ を通るから　$-6=4a-2a^2$　$a^2-2a-3=0$
したがって　$a=3,\ -1$
①から，$a=3$ のとき，接線の方程式は　$y=12x-18$
$a=-1$ のとき，接線の方程式は　$y=-4x-2$

答 $y=12x-18,\ y=-4x-2$

146a 標準 点 $(-1,\ -3)$ から放物線 $y=x^2$ に引いた接線の方程式を求めよ。

146b 標準 点 $(2,\ 8)$ から放物線 $y=-x^2+3$ に引いた接線の方程式を求めよ。

考えてみよう 22 放物線 $y=2x^2$ の接線のうち，傾きが 4 であるものの方程式を求めてみよう。

検印

2節 関数の値の変化

1 関数の増加・減少と極大・極小

KEY 107 関数の増加・減少

関数 $f(x)$ について，$f'(x)>0$ となる x の範囲で，$f(x)$ は増加する。
$f'(x)<0$ となる x の範囲で，$f(x)$ は減少する。

例 128 関数 $f(x)=x^3-3x^2$ の増減表をかけ。

解答 $f'(x)=3x^2-6x=3x(x-2)$　　$f'(x)=0$ とすると　$x=0,\ 2$

よって，増減表は次のようになる。

x	$\cdots$	0	$\cdots$	2	$\cdots$
$f'(x)$	$+$	0	$-$	0	$+$
$f(x)$	↗	0	↘	-4	↗

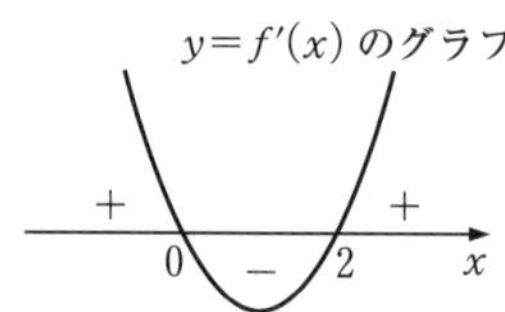

147a 基本 関数 $f(x)=x^3-12x$ の増減表をかけ。

147b 基本 関数 $f(x)=-x^3+3x^2+9x-1$ の増減表をかけ。

検印

KEY 108 関数の極大・極小

$f'(x)$ の符号が，$x=a$ を境にして，
正から負に変わるとき，$f(x)$ は $x=a$ で極大値，
負から正に変わるとき，$f(x)$ は $x=a$ で極小値
をとる。

例 129 関数 $y=2x^3-6x+1$ の極値を求め，そのグラフをかけ。

解答 $y'=6x^2-6=6(x+1)(x-1)$　　$y'=0$ とすると　$x=\pm1$

よって，増減表は次のようになる。

x	$\cdots$	-1	$\cdots$	1	$\cdots$
y'	$+$	0	$-$	0	$+$
y	↗	極大 5	↘	極小 -3	↗

したがって，**$x=-1$ で極大値 5，**
$x=1$ で極小値 -3
をとり，グラフは右の図のようになる。

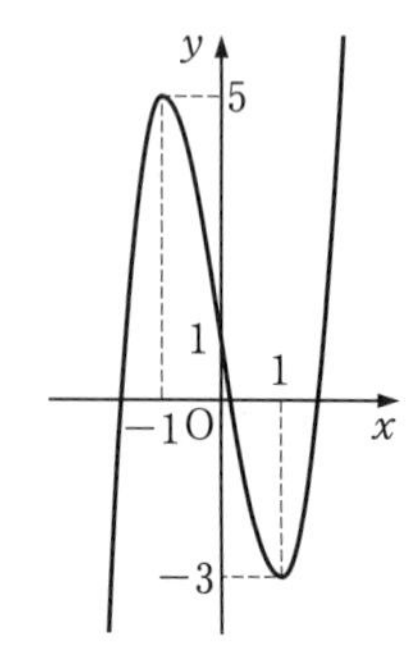

148a 基本 次の関数の極値を求め，そのグラフをかけ。

(1) $y=-x^3+3x$

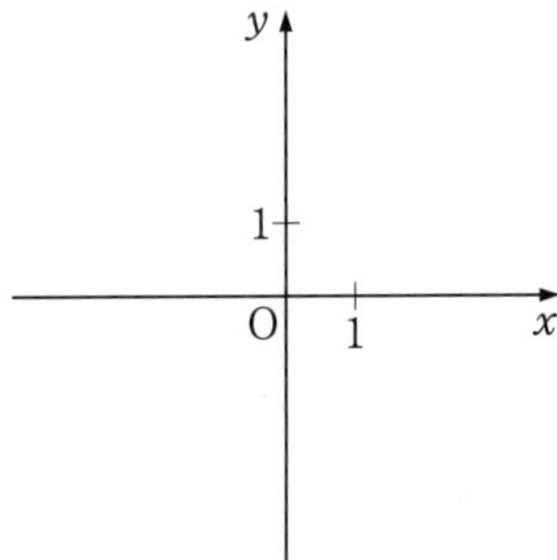

(2) $y=2x^3-9x^2+12x+2$

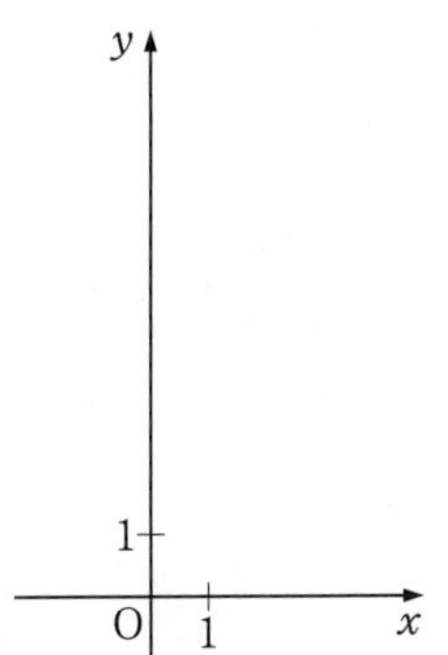

148b 基本 次の関数の極値を求め，そのグラフをかけ。

(1) $y=x^3-3x^2+5$

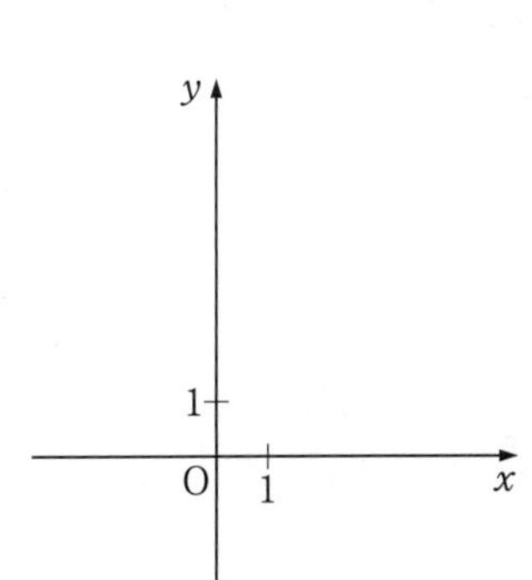

(2) $y=-x^3-6x^2-9x-1$

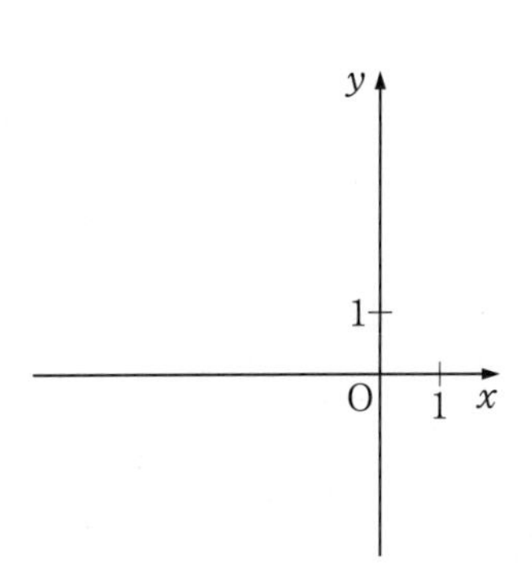

検印

KEY 109 関数と極値

関数 $f(x)$ が $x=a$ で極値 p をとる $\Longrightarrow$ $f'(a)=0$，$f(a)=p$
逆に，$f'(a)=0$ であっても，$f(x)$ が $x=a$ で極値をとるとは限らない。

例 130 関数 $y=x^3+3x^2+3x-2$ のグラフをかけ。

解答 $y'=3x^2+6x+3=3(x+1)^2$

$y'=0$ とすると　$x=-1$

よって，増減表は次のようになる。

x	$\cdots$	-1	$\cdots$
y'	$+$	0	$+$
y	$\nearrow$	-3	$\nearrow$

$x=-1$ の前後で y' の符号は変わらないから，極値は存在しない。

グラフは右の図のようになる。

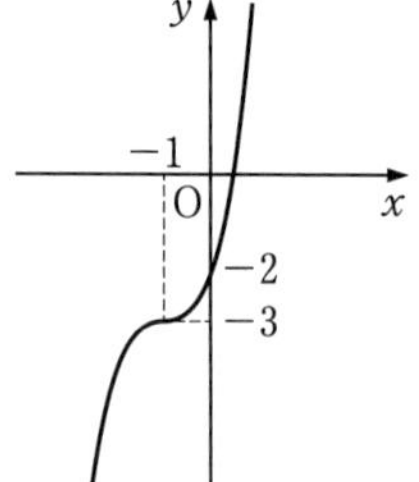

149a 基本 関数 $y=x^3-1$ のグラフをかけ。

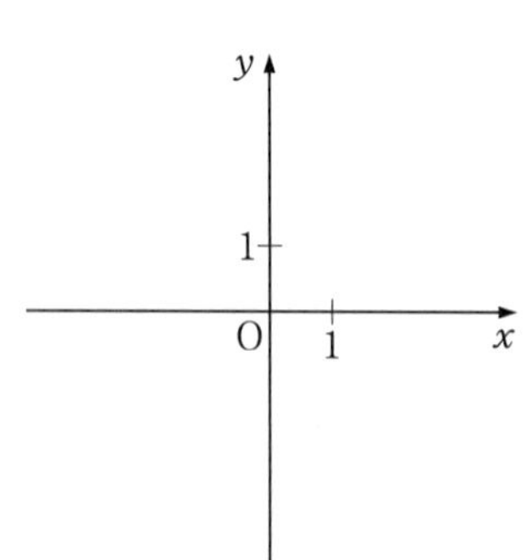

149b 基本 関数 $y=-x^3-6x^2-12x+1$ のグラフをかけ。

考えてみよう 23 関数 $f(x)=x^3+3x^2+4x-2$ はつねに増加する。このことを $f'(x)$ の符号を調べることで示してみよう。

例 131 関数 $f(x)=x^3+x^2+ax+b$ が $x=-1$ で極大値 3 をとるとき，定数 a，b の値を求めよ。また，極小値を求めよ。

解答 $f'(x)=3x^2+2x+a$

$f(x)$ が $x=-1$ で極大値 3 をとるから　$f'(-1)=0$，$f(-1)=3$

よって $\begin{cases} 1+a=0 \\ -a+b=3 \end{cases}$　これを解くと　$a=-1$，$b=2$

このとき　$f(x)=x^3+x^2-x+2$　　$f'(x)=3x^2+2x-1=(x+1)(3x-1)$

$f'(x)=0$ とすると　$x=-1$，$\frac{1}{3}$

増減表は右のようになり，$x=-1$ で極大値 3 をとるから，条件を満たす。

したがって　$\boldsymbol{a=-1}$，$\boldsymbol{b=2}$，**極小値** $\frac{49}{27}$

x	$\cdots$	-1	$\cdots$	$\frac{1}{3}$	$\cdots$
$f'(x)$	$+$	0	$-$	0	$+$
$f(x)$	↗	極大 3	↘	極小 $\frac{49}{27}$	↗

150a 標準 関数 $f(x)=-x^3+ax+b$ が $x=2$ で極大値 9 をとるとき，定数 a，b の値を求めよ。また，極小値を求めよ。

150b 標準 関数 $f(x)=x^3+ax^2+bx-2$ が $x=1$ で極小値 -7 をとるとき，定数 a，b の値を求めよ。また，極大値を求めよ。

検印

2 関数の最大・最小

KEY 110 関数の最大・最小

定義域がある場合は，その両端の値と極値を比べる。
極大(小)値が，最大(小)値になるとは限らない。

例 132 関数 $y=x^3-3x^2+1$ の $-2 \leqq x \leqq 3$ における最大値と最小値を求めよ。

解答 $y'=3x^2-6x=3x(x-2)$　　$y'=0$ とすると　$x=0, 2$

よって，$-2 \leqq x \leqq 3$ における増減表は，次のようになる。

x	-2	$\cdots$	0	$\cdots$	2	$\cdots$	3
y'		$+$	0	$-$	0	$+$	
y	-19	↗	極大 1	↘	極小 -3	↗	1

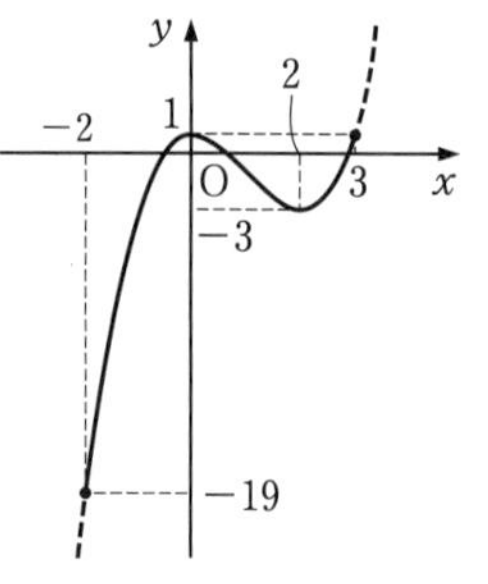

したがって，**$x=0, 3$ で最大値 1，**

$x=-2$ で最小値 -19　をとる。

151a 標準 関数 $y=x^3-12x+1$ の $-3 \leqq x \leqq 4$ における最大値と最小値を求めよ。

151b 標準 関数 $y=-x^3+3x^2-5$ の $-2 \leqq x \leqq 3$ における最大値と最小値を求めよ。

例 133 1辺が 12cm の正方形の厚紙の四隅から，1辺が x cm の正方形を切り取り，ふたのない箱を作る。この箱の容積を最大にするには，x の値をいくらにすればよいか。

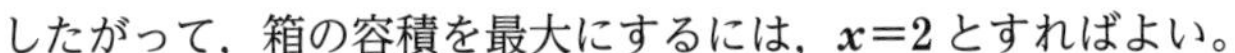

解答 箱を作ることができる x の値の範囲は，

$x>0$ かつ $12-2x>0$ より　$0<x<6$

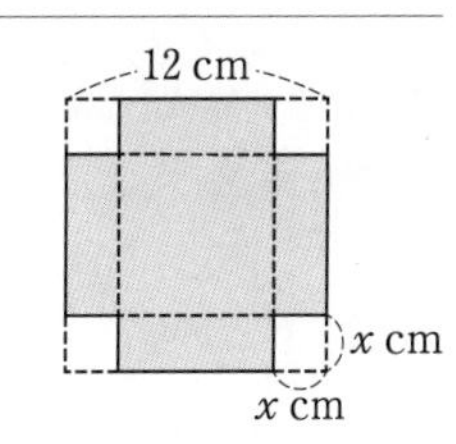

箱の容積を y cm³ とすると

$$y=x(12-2x)^2=4x^3-48x^2+144x$$

$$y'=12x^2-96x+144=12(x-2)(x-6)$$

$y'=0$ とすると，$x=2$, 6

よって，$0<x<6$ における増減表は次のようになり，$x=2$ のとき，y は最大となる。

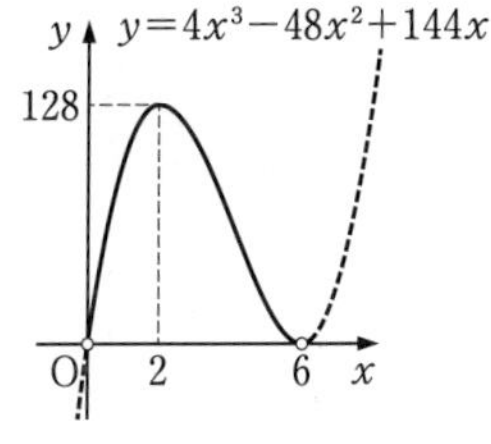

x	0	$\cdots$	2	$\cdots$	6
y'		$+$	0	$-$	
y		↗	極大 128	↘	

したがって，箱の容積を最大にするには，$\boldsymbol{x=2}$ とすればよい。

152a 標準 縦が 5cm，横が 8cm の長方形の厚紙の四隅から，1辺が x cm の正方形を切り取り，ふたのない箱を作る。この箱の容積を最大にするには，x の値をいくらにすればよいか。

152b 標準 底面の半径と高さの和が 6cm の円錐について，体積を最大にするには，底面の半径をいくらにすればよいか。また，そのときの体積を求めよ。

検印

3 方程式・不等式への応用

KEY 111 方程式の実数解の個数

方程式 $f(x)=0$ の異なる実数解の個数は，$y=f(x)$ のグラフと x 軸との共有点の個数に一致する。

例 134 3 次方程式 $x^3-3x+1=0$ の異なる実数解の個数を求めよ。

解答 $f(x)=x^3-3x+1$ とおくと　$f'(x)=3x^2-3=3(x+1)(x-1)$

$f'(x)=0$ とすると　　$x=-1,\ 1$

よって，増減表は次のようになる。

x	$\cdots$	-1	$\cdots$	1	$\cdots$
$f'(x)$	$+$	0	$-$	0	$+$
$f(x)$	↗	極大 3	↘	極小 -1	↗

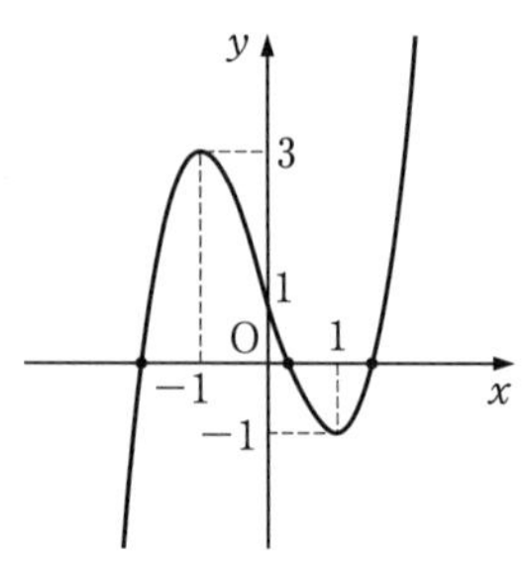

したがって，$y=x^3-3x+1$ のグラフは右の図のようになる。
グラフは x 軸と 3 個の共有点をもつから，与えられた方程式の異なる実数解の個数は **3 個**である。

153a 標準　3 次方程式 $x^3+3x^2+1=0$ の異なる実数解の個数を求めよ。

153b 標準　3 次方程式 $2x^3-3x^2+1=0$ の異なる実数解の個数を求めよ。

検印

KEY 112 $f(x) \geqq 0$ の証明は，($f(x)$の最小値)$\geqq 0$ を示せばよい。

不等式の証明

例 135 $x \geqq 0$ のとき，不等式 $x^3+16 \geqq 12x$ が成り立つことを証明せよ。

証明 $f(x)=(x^3+16)-12x=x^3-12x+16$ とすると

$f'(x)=3x^2-12=3(x+2)(x-2)$

$f'(x)=0$ とすると　$x=-2,\ 2$

$x \geqq 0$ における増減表は右のようになる。

x	0	…	2	…
$f'(x)$		$-$	0	$+$
$f(x)$	16	↘	極小 0	↗

$x \geqq 0$ のとき，$f(x)$ の最小値が 0 であるから　$f(x) \geqq 0$

よって，$x \geqq 0$ のとき　$x^3-12x+16 \geqq 0$　すなわち　$x^3+16 \geqq 12x$

等号が成り立つのは，$x=2$ のときである。

154a 標準 $x \geqq 0$ のとき，
不等式 $x^3+1 \geqq x^2+x$ が成り立つことを証明せよ。

154b 標準 $x \geqq 1$ のとき，
不等式 $2x^3+12x-4 \geqq 9x^2$ が成り立つことを証明せよ。

検印

例題 26　定数 a を含む 3 次方程式の実数解の個数

3 次方程式 $x^3-3x^2-a=0$ の異なる実数解の個数は，定数 a の値によってどのように変わるか。

【ガイド】 3 次方程式 $x^3-3x^2-a=0$ の異なる実数解の個数は，$y=x^3-3x^2$ のグラフと直線 $y=a$ との共有点の個数に一致するから，グラフをかいて，直線 $y=a$ を上下させて共有点の個数を調べる。

解答 定数項を移項して　$x^3-3x^2=a$

ここで，$f(x)=x^3-3x^2$ とおくと

$$f'(x)=3x^2-6x=3x(x-2)$$

$f'(x)=0$ とすると　$x=0,\ 2$

よって，増減表は右のようになる。

x	$\cdots$	0	$\cdots$	2	$\cdots$
$f'(x)$	$+$	0	$-$	0	$+$
$f(x)$	↗	極大 0	↘	極小 -4	↗

したがって，$y=f(x)$ のグラフは右の図のようになる。

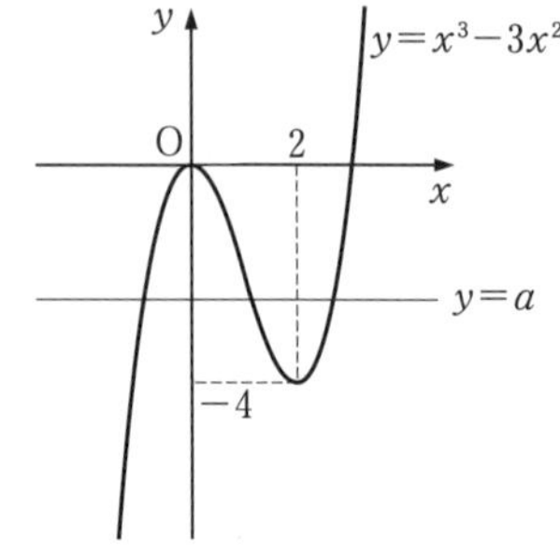

これと，直線 $y=a$ との共有点の個数を考えて，

異なる実数解の個数は次のようになる。

$a<-4,\ 0<a$ のとき，1 個

$a=-4,\ 0$　のとき，2 個

$-4<a<0$　のとき，3 個

練習 26　3 次方程式 $3x^3-9x^2-a=0$ の異なる実数解の個数は，定数 a の値によってどのように変わるか。

検印

例題 27　4次関数のグラフ

関数 $y=2x^4-4x^2+1$ の増減を調べ，そのグラフをかけ。

【ガイド】 増減表をかいて，極値を求める。

解答 $y'=8x^3-8x=8x(x^2-1)=8x(x+1)(x-1)$

$y'=0$ とすると　　$x=-1,\ 0,\ 1$

よって，増減表は次のようになる。

x	$\cdots$	-1	$\cdots$	0	$\cdots$	1	$\cdots$
y'	$-$	0	$+$	0	$-$	0	$+$
y	↘	極小 -1	↗	極大 1	↘	極小 -1	↗

したがって，$x=-1$ で極小値 -1

$x=0$ で極大値 1

$x=1$ で極小値 -1

グラフは右の図のようになる。

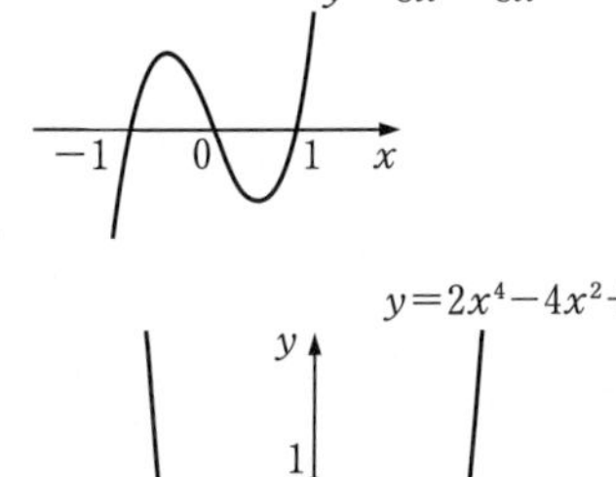

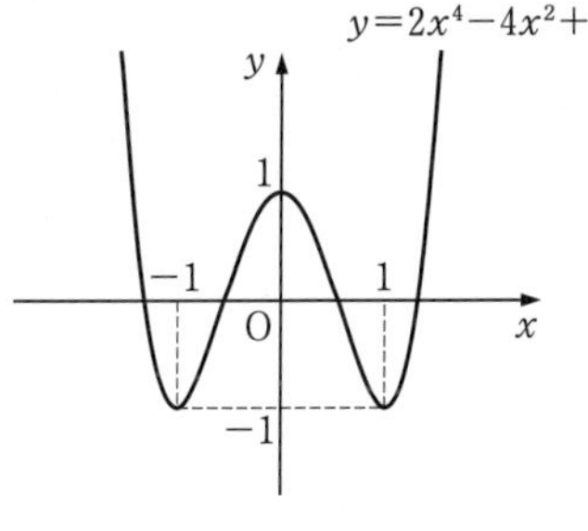

練習 27

関数 $y=x^4-4x^3+4x^2-2$ の増減を調べ，そのグラフをかけ。

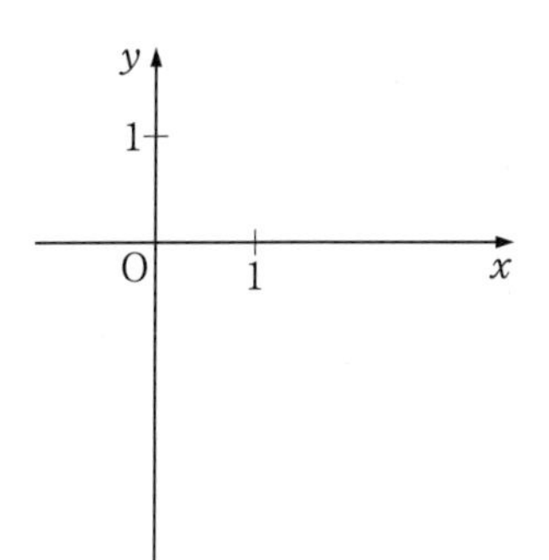

検印

3 節 積分

1 不定積分

KEY 113 不定積分の計算

① n が 0 以上の整数のとき　$\int x^n dx=\frac{1}{n+1}x^{n+1}+C$　ただし，C は積分定数

② 不定積分の性質
1. $\int kf(x)dx=k\int f(x)dx$　ただし，k は定数
2. $\int\{f(x)+g(x)\}dx=\int f(x)dx+\int g(x)dx$
3. $\int\{f(x)-g(x)\}dx=\int f(x)dx-\int g(x)dx$

例 136 不定積分 $\int(-3x^2+x-4)dx$ を求めよ。

解答 $\int(-3x^2+x-4)dx=-3\int x^2dx+\int xdx-4\int dx=-3\cdot\frac{1}{3}x^3+\frac{1}{2}x^2-4x+C$

$=-x^3+\frac{1}{2}x^2-4x+C$

155a 基本 次の不定積分を求めよ。

(1) $\int 6\,dx$

(2) $\int(4x-1)dx$

(3) $\int(-3x^2+6x+2)dx$

(4) $\int(6x^3-3x^2+1)dx$

155b 基本 次の不定積分を求めよ。

(1) $\int(-3x)dx$

(2) $\int(x^2+4x-5)dx$

(3) $\int(-4x^2-3x)dx$

(4) $\int(x^3+9x^2-3x+1)dx$

156a 基本 次の不定積分を求めよ。

(1) $\int x(2x-1)\,dx$

(2) $\int (x-2)(2x+3)\,dx$

(3) $\int (2t+1)^2\,dt$

156b 基本 次の不定積分を求めよ。

(1) $\int (3x+1)(3x-1)\,dx$

(2) $\int (x+1)^2(x-2)\,dx$

(3) $\int (1-y)(3y-2)\,dy$

6章 微分と積分

例 137 条件 $F'(x)=x^2+2x-1$, $F(0)=3$ を満たす関数 $F(x)$ を求めよ。

解答　$F(x)=\int (x^2+2x-1)\,dx=\frac{1}{3}x^3+x^2-x+C$　◀$F(x)$ は $F'(x)$ を積分して求める。

ここで，$F(0)=3$ であるから　$C=3$　よって　$\boldsymbol{F(x)=\frac{1}{3}x^3+x^2-x+3}$

157a 標準 次の条件を満たす関数 $F(x)$ を求めよ。

$F'(x)=3x^2+4x-5$, $F(1)=2$

157b 標準 次の条件を満たす関数 $F(x)$ を求めよ。

$F'(x)=-3x^2+6x-2$, $F(2)=4$

検印

2 定積分

KEY 114 $F'(x)=f(x)$ のとき　$\int_a^b f(x)\,dx=\Big[F(x)\Big]_a^b=F(b)-F(a)$

定積分の定義

例 138 定積分 $\int_0^1 (2x^2+1)\,dx$ を求めよ。

解答　$\int_0^1 (2x^2+1)\,dx=\left[\frac{2}{3}x^3+x\right]_0^1=\left(\frac{2}{3}+1\right)-(0+0)=\frac{5}{3}$

158a 基本 次の定積分を求めよ。

(1) $\int_1^3 5\,dx$

(2) $\int_0^2 (x+2)\,dx$

(3) $\int_1^2 (-3x^2+2x)\,dx$

(4) $\int_0^1 (t^2+3t-4)\,dt$

158b 基本 次の定積分を求めよ。

(1) $\int_{-2}^0 (1-x)\,dx$

(2) $\int_0^3 (3x^2-1)\,dx$

(3) $\int_{-2}^1 (6x^2+2x-1)\,dx$

(4) $\int_{-1}^3 (5t-2t^2)\,dt$

159a 基本 次の定積分を求めよ。

(1) $\int_{-1}^{1} x(x+1)\,dx$

(2) $\int_{1}^{2} (t+2)(2t-3)\,dt$

159b 基本 次の定積分を求めよ。

(1) $\int_{0}^{2} (x-2)^2\,dx$

(2) $\int_{-1}^{0} t^2(2t+3)\,dt$

検印

6章 微分と積分

KEY 115

定積分の性質(1)

① $\int_a^b kf(x)\,dx = k\int_a^b f(x)\,dx$　　ただし，k は定数

② $\int_a^b \{f(x)+g(x)\}\,dx = \int_a^b f(x)\,dx + \int_a^b g(x)\,dx$

③ $\int_a^b \{f(x)-g(x)\}\,dx = \int_a^b f(x)\,dx - \int_a^b g(x)\,dx$

例 139 定積分 $\int_{-3}^{1} (x^2+3x)\,dx - \int_{-3}^{1} (x^2-x)\,dx$ を求めよ。

解答　$\int_{-3}^{1} (x^2+3x)\,dx - \int_{-3}^{1} (x^2-x)\,dx = \int_{-3}^{1} \{(x^2+3x)-(x^2-x)\}\,dx = \int_{-3}^{1} 4x\,dx = \Big[2x^2\Big]_{-3}^{1} = -16$

160a 基本 次の定積分を求めよ。

$\int_{1}^{2} (x^2-5x+3)\,dx + \int_{1}^{2} (2x^2+5x-3)\,dx$

160b 基本 次の定積分を求めよ。

$\int_{-2}^{3} (2x+1)^2\,dx - \int_{-2}^{3} (2x-1)^2\,dx$

検印

KEY 116 定積分の性質(2)

④ $\displaystyle\int_a^a f(x)\,dx=0$　　⑤ $\displaystyle\int_a^b f(x)\,dx=-\int_b^a f(x)\,dx$

⑥ $\displaystyle\int_a^b f(x)\,dx=\int_a^c f(x)\,dx+\int_c^b f(x)\,dx$

例 140 定積分 $\displaystyle\int_{-1}^{0}(x^2-1)\,dx+\int_{0}^{1}(x^2-1)\,dx$ を求めよ。

解答 $\displaystyle\int_{-1}^{0}(x^2-1)\,dx+\int_{0}^{1}(x^2-1)\,dx=\int_{-1}^{1}(x^2-1)\,dx=\left[\frac{1}{3}x^3-x\right]_{-1}^{1}=-\frac{4}{3}$

161a 基本 次の定積分を求めよ。

(1) $\displaystyle\int_{-2}^{-2}(5x^2+2x)\,dx$

(2) $\displaystyle\int_{-2}^{0}(4x+1)\,dx+\int_{0}^{1}(4x+1)\,dx$

161b 基本 次の定積分を求めよ。

(1) $\displaystyle\int_{-5}^{-5}(7x^2+3x-2)\,dx$

(2) $\displaystyle\int_{0}^{2}(3x^2-4x)\,dx+\int_{2}^{3}(3x^2-4x)\,dx$

考えてみよう 24 次の定積分を，定積分の性質⑤，⑥を利用して求めてみよう。

$$\int_{-2}^{-1}(x^2+2x)\,dx-\int_{0}^{-1}(x^2+2x)\,dx$$

検印

KEY 117　定積分と微分の関係

a が定数のとき　$\dfrac{d}{dx}\displaystyle\int_a^x f(t)\,dt=f(x)$

例 141　関数 $\displaystyle\int_2^x (t^2+2t-1)\,dt$ を x について微分せよ。

解答　$\dfrac{d}{dx}\displaystyle\int_2^x (t^2+2t-1)\,dt=\boldsymbol{x^2+2x-1}$

162a 基本　関数 $\displaystyle\int_0^x (3t^2-t)\,dt$ を x について微分せよ。

162b 基本　関数 $\displaystyle\int_3^x (-2t^2-t+7)\,dt$ を x について微分せよ。

KEY 118　定積分で表された関数の決定

① $\displaystyle\int_a^x f(t)\,dt$ を含む等式の両辺を x について微分して，関数 $f(x)$ を求める。

② 定数は，$\displaystyle\int_a^a f(t)\,dt=0$ を利用して求める。

例 142　等式 $\displaystyle\int_1^x f(t)\,dt=x^2+2x+k$ を満たす関数 $f(x)$ と定数 k の値を求めよ。

解答　両辺を x について微分すると　$\boldsymbol{f(x)=2x+2}$
また，与えられた等式で $x=1$ とおくと　$0=1+2+k$　よって　$\boldsymbol{k=-3}$

163a 標準　等式 $\displaystyle\int_0^x f(t)\,dt=x^2-x+k$ を満たす関数 $f(x)$ と定数 k の値を求めよ。

163b 標準　等式 $\displaystyle\int_{-2}^x f(t)\,dt=3x^2+2x+k$ を満たす関数 $f(x)$ と定数 k の値を求めよ。

考えてみよう 25　等式 $\displaystyle\int_x^1 f(t)\,dt=2x^2-3x-2k$ を満たす関数 $f(x)$ と定数 k の値を求めてみよう。

検印

6章　微分と積分

検印

3 面積

KEY 119

曲線と x 軸とで囲まれた図形の面積

曲線 $y=f(x)$ と x 軸，および 2 直線 $x=a$，$x=b$ とで囲まれた図形の面積 S は

① $a \leqq x \leqq b$ の範囲で $f(x) \geqq 0$ のとき

$$S=\int_a^b f(x)\,dx$$

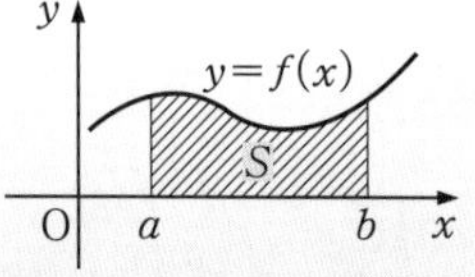

② $a \leqq x \leqq b$ の範囲で $f(x) \leqq 0$ のとき

$$S=\int_a^b \{-f(x)\}\,dx=-\int_a^b f(x)\,dx$$

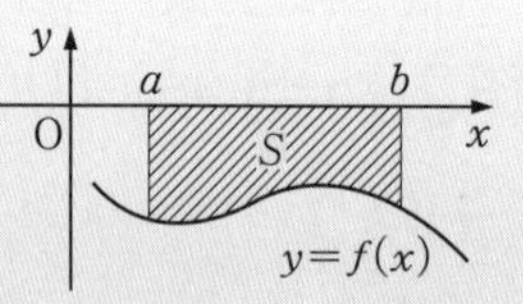

例 143 放物線 $y=x^2+1$ と x 軸，および 2 直線 $x=-1$，$x=2$ とで囲まれた図形の面積 S を求めよ。

解答

$$S=\int_{-1}^{2}(x^2+1)\,dx=\left[\frac{1}{3}x^3+x\right]_{-1}^{2}$$

$$=\left(\frac{8}{3}+2\right)-\left(-\frac{1}{3}-1\right)$$

$$=\mathbf{6}$$

164a 基本 放物線 $y=x^2+2$ と x 軸，および 2 直線 $x=1$，$x=3$ とで囲まれた図形の面積 S を求めよ。

164b 基本 放物線 $y=-x^2+6x$ と x 軸，および 2 直線 $x=1$，$x=4$ とで囲まれた図形の面積 S を求めよ。

165a 基本 放物線 $y=-x^2-1$ と x 軸，および 2 直線 $x=-1$，$x=3$ とで囲まれた図形の面積 S を求めよ。

165b 基本 放物線 $y=x^2-5$ と x 軸，および 2 直線 $x=-2$，$x=1$ とで囲まれた図形の面積 S を求めよ。

例 144 放物線 $y=x^2-4x-5$ と x 軸とで囲まれた図形の面積 S を求めよ。

解答 $y=x^2-4x-5$ と x 軸との交点の x 座標は，

$x^2-4x-5=0$ を解いて　　$(x+1)(x-5)=0$

よって　　$x=-1,\ 5$

$-1\leqq x\leqq 5$ では，$y\leqq 0$ であるから

$$S=-\int_{-1}^{5}(x^2-4x-5)\,dx=-\left[\frac{1}{3}x^3-2x^2-5x\right]_{-1}^{5}=\mathbf{36}$$

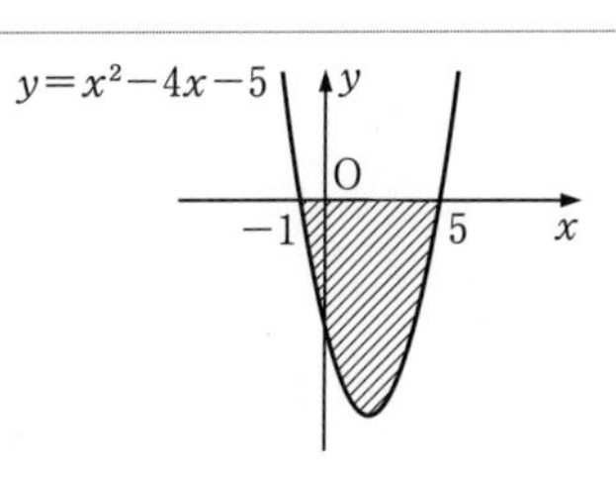

166a 標準 次の放物線と x 軸とで囲まれた図形の面積 S を求めよ。

(1) $y=(x-1)(x+2)$

(2) $y=x^2-4x+3$

166b 標準 次の放物線と x 軸とで囲まれた図形の面積 S を求めよ。

(1) $y=x^2+2x$

(2) $y=-x^2+4$

検印

KEY 120 2つの曲線の間の面積

$a \leqq x \leqq b$ の範囲で $f(x) \geqq g(x)$ のとき，
2曲線 $y=f(x)$，$y=g(x)$ と2直線 $x=a$，$x=b$ とで囲まれた図形の面積 S は

$$S=\int_a^b \{f(x)-g(x)\}dx$$

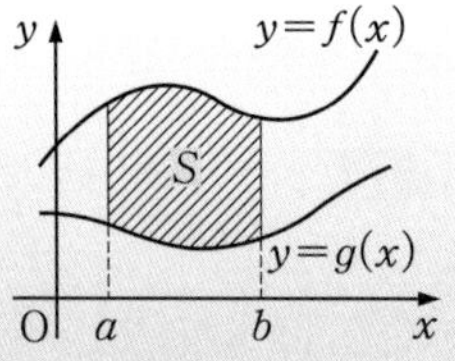

例 145 2つの放物線 $y=x^2-4x+3$，$y=-x^2+6x-5$ で囲まれた図形の面積 S を求めよ。

解答 2つのグラフの交点の x 座標は，$x^2-4x+3=-x^2+6x-5$
を解いて　$x=1,\ 4$
$1 \leqq x \leqq 4$ において，$-x^2+6x-5 \geqq x^2-4x+3$ であるから

$$S=\int_1^4 \{(-x^2+6x-5)-(x^2-4x+3)\}dx$$
$$=\int_1^4 (-2x^2+10x-8)dx=-2\int_1^4 (x^2-5x+4)dx$$
$$=-2\left[\frac{1}{3}x^3-\frac{5}{2}x^2+4x\right]_1^4=-2\left\{\left(\frac{64}{3}-40+16\right)-\left(\frac{1}{3}-\frac{5}{2}+4\right)\right\}=\mathbf{9}$$

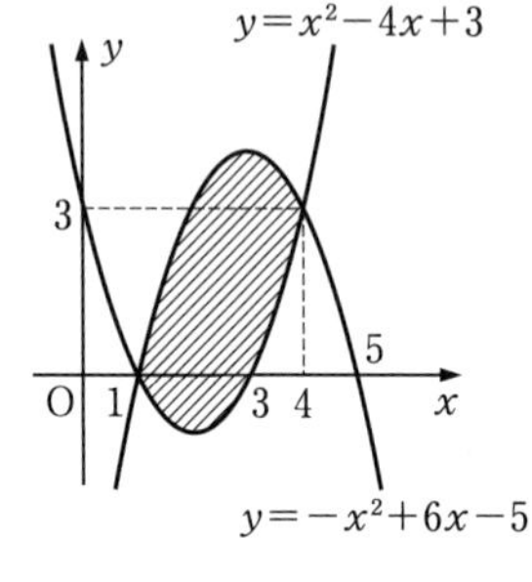

167a 基本 次の放物線や直線で囲まれた図形の面積 S を求めよ。
$y=x^2+4$，$y=-x^2$，$x=-1$，$x=2$

167b 基本 次の放物線や直線で囲まれた図形の面積 S を求めよ。
$y=x^2-2x-3$，$y=-x^2+6x-5$，$x=1$，$x=3$

168a 標準 次の放物線や直線で囲まれた図形の面積 S を求めよ。

(1) $y=-x^2+5x$, $y=2x$

(2) $y=x^2$, $y=-x^2+2x+4$

168b 標準 次の放物線や直線で囲まれた図形の面積 S を求めよ。

(1) $y=x^2-2x+2$, $y=2x-1$

(2) $y=x^2-3x+2$, $y=-x^2-x+6$

検印

例題 28　放物線と x 軸とで囲まれた図形の面積

放物線 $y=-2x^2+2x+4$ と x 軸とで囲まれた図形の面積 S を求めよ。

【ガイド】 公式　$\displaystyle\int_\alpha^\beta a(x-\alpha)(x-\beta)\,dx=-\frac{a}{6}(\beta-\alpha)^3$　を利用する。

解答 $y=-2x^2+2x+4=-2(x+1)(x-2)$

$-1\leqq x\leqq 2$ において，$y\geqq 0$ であるから

$$S=\int_{-1}^{2}\{-2(x+1)(x-2)\}dx=-\frac{-2}{6}\{2-(-1)\}^3$$

$$=\frac{1}{3}\cdot 3^3=\mathbf{9}$$

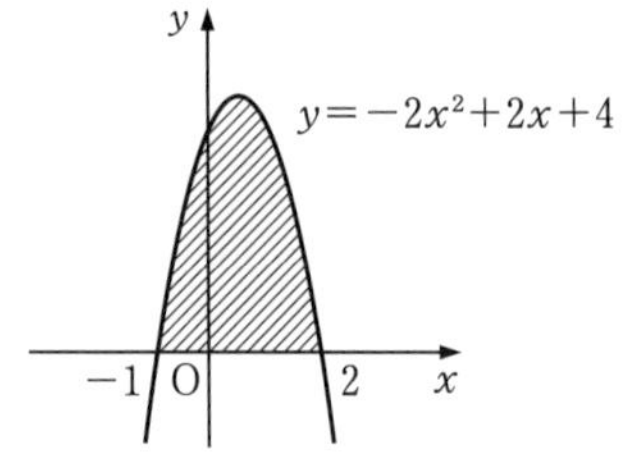

練習 28

次の放物線と x 軸とで囲まれた図形の面積 S を求めよ。

(1)　$y=(x-3)(x-5)$

(2)　$y=-x^2+6x$

(3)　$y=3x^2+6x-24$

検印

例題 29　絶対値を含む関数の定積分

定積分 $\int_0^3 |x-2|\,dx$ を求めよ。

【ガイド】 積分する範囲を分けて，絶対値記号をはずしてから積分する。
$y=|x-2|$ は，$x \leqq 2$ のとき $y=-(x-2)$，$x \geqq 2$ のとき $y=x-2$

解答 $x \leqq 2$ のとき　$|x-2|=-(x-2)=-x+2$

$x \geqq 2$ のとき　$|x-2|=x-2$

よって，関数 $y=|x-2|$ のグラフは右の図のようになる。

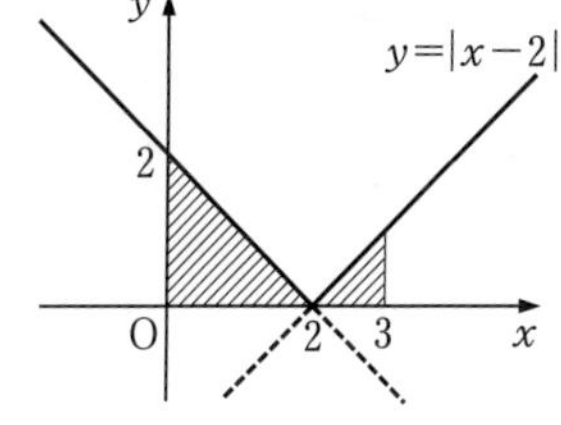

したがって

$$\int_0^3 |x-2|\,dx=\int_0^2 |x-2|\,dx+\int_2^3 |x-2|\,dx$$

$$=\int_0^2 (-x+2)\,dx+\int_2^3 (x-2)\,dx$$

$$=\left[-\frac{1}{2}x^2+2x\right]_0^2+\left[\frac{1}{2}x^2-2x\right]_2^3=\boldsymbol{\frac{5}{2}}$$

練習 29　次の定積分を求めよ。

(1) $\int_{-4}^1 |x+3|\,dx$

(2) $\int_0^2 |x(x-1)|\,dx$

6章 微分と積分

検印

例題 30　3次関数のグラフと面積

曲線 C の方程式が $y=x^3$ で表されるとき，次の問いに答えよ。

(1) 曲線 C 上の点 A(1, 1) における接線 ℓ の方程式を求めよ。

(2) 曲線 C と接線 ℓ の A 以外の共有点 B の座標を求めよ。

(3) 曲線 C と接線 ℓ とで囲まれた図形の面積 S を求めよ。

【ガイド】 (3) 曲線と接線の上下関係を調べる。

解答 (1) $y'=3x^2$ より，$x=1$ のとき　$y'=3$

接線 ℓ の方程式は　$y-1=3(x-1)$　すなわち　$\boldsymbol{y=3x-2}$

(2) 曲線 C と接線 ℓ の共有点の x 座標は，$x^3=3x-2$ の実数解である。

これを解くと　$x^3-3x+2=0$　$(x-1)^2(x+2)=0$

よって　$x=1,\ -2$

求める点 B の x 座標は $x \neq 1$ であるから　$x=-2$

したがって　**B(−2, −8)**

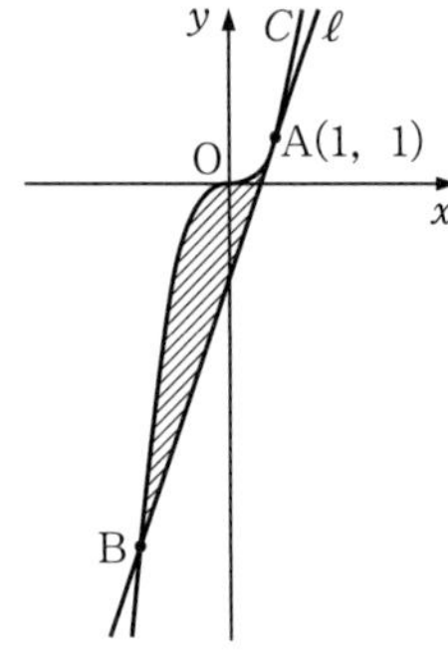

(3) $-2 \leqq x \leqq 1$ において，$x^3 \geqq 3x-2$ であるから

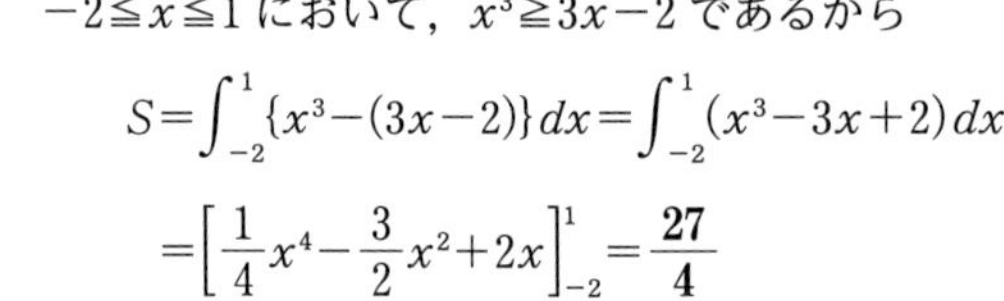

$$S=\int_{-2}^{1}\{x^3-(3x-2)\}\,dx=\int_{-2}^{1}(x^3-3x+2)\,dx$$

$$=\left[\frac{1}{4}x^4-\frac{3}{2}x^2+2x\right]_{-2}^{1}=\boldsymbol{\frac{27}{4}}$$

練習 30

曲線 C の方程式が $y=x^3-x^2$ で表されるとき，次の問いに答えよ。

(1) 曲線 C 上の点 A(1, 0) における接線 ℓ の方程式を求めよ。

(2) 曲線 C と接線 ℓ の A 以外の共有点 B の座標を求めよ。

(3) 曲線 C と接線 ℓ とで囲まれた図形の面積 S を求めよ。

検印

例題 31　定積分を含む関数

次の等式を満たす関数 $f(x)$ を求めよ。

$$f(x)=3x^2-2x+\int_{-1}^{2}f(t)\,dt$$

【ガイド】 $\int_{-1}^{2}f(t)\,dt$ は定数であるから，$\int_{-1}^{2}f(t)\,dt=k$ とおく。

解答 $\int_{-1}^{2}f(t)\,dt=k$ とおくと　$f(x)=3x^2-2x+k$

このとき　$\int_{-1}^{2}f(t)\,dt=\int_{-1}^{2}(3t^2-2t+k)\,dt=\Big[t^3-t^2+kt\Big]_{-1}^{2}=3k+6$

よって　$3k+6=k$　　　　　　これを解いて　$k=-3$

したがって　$\boldsymbol{f(x)=3x^2-2x-3}$

練習 31　次の等式を満たす関数 $f(x)$ を求めよ。

(1)　$f(x)=3x^2-6x+\int_{0}^{2}f(t)\,dt$

(2)　$f(x)=-2x+\int_{-1}^{1}tf(t)\,dt$

検印

解　答

1章　式と証明

1節‖式と計算

1a (1) x^2-6x+9
(2) $a^2-3a-28$

1b (1) $9a^2-1$
(2) $3x^2-5xy-2y^2$

2a (1) $(5x+2)^2$
(2) $(x+1)(4x-3)$

2b (1) $(4x+3y)(4x-3y)$
(2) $(2a+3b)(2a-5b)$

3a (1) $x^3-12x^2+48x-64$
(2) $x^3+9x^2y+27xy^2+27y^3$
(3) $8x^3+125$

3b (1) $8x^3+12x^2+6x+1$
(2) $27x^3-54x^2y+36xy^2-8y^3$
(3) $216a^3-1$

4a (1) $(x+3y)(x^2-3xy+9y^2)$
(2) $(x-2)(x^2+2x+4)$

4b (1) $(3x+2y)(9x^2-6xy+4y^2)$
(2) $(4x-y)(16x^2+4xy+y^2)$

5a (1) $x^4-4x^3+6x^2-4x+1$
(2) $a^5+10a^4b+40a^3b^2+80a^2b^3+80ab^4+32b^5$

5b (1) $16x^4+96x^3+216x^2+216x+81$
(2) $243a^5-405a^4b+270a^3b^2-90a^2b^3$
$+15ab^4-b^5$

6a (1) 270　(2) 135

6b (1) -20　(2) 6048

考えてみよう 1

60

7a 商 $2x+1$，余り 0

7b 商 x^2+3x+5，余り 9

8a (1) 商 $3x-6$，余り $8x-5$
(2) 商 x^2+3x+4，余り 10

8b (1) 商 $2x+5$，余り $11x-5$
(2) 商 $x+2$，余り $x+3$

考えてみよう 2

x^3-3x+2

9a (1) $2x^2$　(2) $\dfrac{3x}{4y}$
(3) $x+1$　(4) $\dfrac{3x+1}{x+1}$

9b (1) $5a$　(2) $\dfrac{3y}{a^2}$
(3) $x-3$　(4) $\dfrac{2x-1}{x}$

10a (1) $\dfrac{3}{4xy}$　(2) $\dfrac{(x-5)(x+1)}{x-2}$
(3) $\dfrac{x+6}{x+3}$

10b (1) $\dfrac{4ax}{3y}$　(2) $\dfrac{(x-2)^2}{(x+2)(x-3)}$
(3) 2

11a (1) $\dfrac{1}{x}$　(2) $\dfrac{2x-1}{x+1}$
(3) 2　(4) $\dfrac{3}{x-1}$

11b (1) $\dfrac{2}{x}$　(2) $\dfrac{2}{x+2}$
(3) 2　(4) $\dfrac{2}{x-2}$

12a (1) $\dfrac{4x}{(x+3)(x-1)}$　(2) $\dfrac{4x+1}{x(x-4)}$

12b (1) $\dfrac{x+1}{x(x-1)}$　(2) $\dfrac{x+1}{x-1}$

考えてみよう 3

$\dfrac{2}{x(x-1)(x+1)}$

練習 1 (1) $B=x+4$
(2) $B=x^2-x+2$

練習 2 $\sqrt{2}$

2節‖等式・不等式の証明

13a (1) $a=4$，$b=-5$
(2) $a=2$，$b=2$，$c=-3$

13b (1) $a=7$，$b=-10$
(2) $a=1$，$b=-3$，$c=4$

14a (左辺)
$=(a^3+ab^2+a^2b+b^3)+(a^3-ab^2-a^2b+b^3)$
$=2a^3+2b^3=2(a^3+b^3)$
$=$(右辺)

14b (左辺)$=(a^2+4ab+4b^2)+(4a^2-4ab+b^2)$
$=5a^2+5b^2=5(a^2+b^2)=$(右辺)

15a $x-y=2$ より，$y=x-2$ であるから
(左辺)$=x^2-2y=x^2-2(x-2)$
$=x^2-2x+4$
(右辺)$=y^2+2x=(x-2)^2+2x$
$=x^2-2x+4$
よって　$x^2-2y=y^2+2x$

15b $x+y=-1$ より，$y=-1-x$ であるから
(左辺)$=x^2+y^2-3$
$=x^2+(-1-x)^2-3$
$=2x^2+2x-2$

(右辺)$=2(x+y-xy)$

$=2\{x+(-1-x)-x(-1-x)\}$

$=2x^2+2x-2$

よって　$x^2+y^2-3=2(x+y-xy)$

16a $\dfrac{a}{b}=\dfrac{c}{d}=k$ とおくと，$a=bk$，$c=dk$ であるから

(左辺)$=\dfrac{a^2+c^2}{ab+cd}=\dfrac{b^2k^2+d^2k^2}{b^2k+d^2k}$

$=\dfrac{(b^2+d^2)k^2}{(b^2+d^2)k}=k$

(右辺)$=\dfrac{ab+cd}{b^2+d^2}=\dfrac{b^2k+d^2k}{b^2+d^2}$

$=\dfrac{(b^2+d^2)k}{b^2+d^2}=k$

よって　$\dfrac{a^2+c^2}{ab+cd}=\dfrac{ab+cd}{b^2+d^2}$

16b $\dfrac{a}{b}=\dfrac{c}{d}=k$ とおくと，$a=bk$，$c=dk$ であるから

(左辺)$=\dfrac{(a-c)^2}{(b-d)^2}=\dfrac{(bk-dk)^2}{(b-d)^2}$

$=\dfrac{(b-d)^2k^2}{(b-d)^2}=k^2$

(右辺)$=\dfrac{a^2+c^2}{b^2+d^2}=\dfrac{b^2k^2+d^2k^2}{b^2+d^2}$

$=\dfrac{(b^2+d^2)k^2}{b^2+d^2}=k^2$

よって　$\dfrac{(a-c)^2}{(b-d)^2}=\dfrac{a^2+c^2}{b^2+d^2}$

17a (1)　(左辺)−(右辺)$=4a+b-(2a+3b)$

$=2a-2b=2(a-b)$

$a>b$ であるから　$2(a-b)>0$

したがって　$4a+b>2a+3b$

(2)　(左辺)−(右辺)$=\dfrac{4x-y}{3}-\dfrac{x+y}{2}$

$=\dfrac{2(4x-y)-3(x+y)}{6}$

$=\dfrac{5x-5y}{6}=\dfrac{5(x-y)}{6}$

$x>y$ であるから　$\dfrac{5(x-y)}{6}>0$

したがって　$\dfrac{4x-y}{3}>\dfrac{x+y}{2}$

17b (1)　(左辺)−(右辺)$=b(a-1)-a(b-1)$

$=-b+a$

$=a-b$

$a>b$ であるから　$a-b>0$

したがって　$b(a-1)>a(b-1)$

(2)　(左辺)−(右辺)$=(a+b)^2-(a^2+b^2)$

$=(a^2+2ab+b^2)-(a^2+b^2)$

$=2ab$

$a>0$，$b>0$ であるから　$2ab>0$

したがって　$(a+b)^2>a^2+b^2$

18a (左辺)−(右辺)$=(x+1)^2-4x$

$=x^2-2x+1=(x-1)^2$

$(x-1)^2\geqq 0$ であるから　$(x+1)^2\geqq 4x$

等号が成り立つのは，$x=1$ のときである。

18b (左辺)−(右辺)$=2(a^2+b^2)-(a-b)^2$

$=(2a^2+2b^2)-(a^2-2ab+b^2)$

$=a^2+2ab+b^2=(a+b)^2$

$(a+b)^2\geqq 0$ であるから　$2(a^2+b^2)\geqq(a-b)^2$

等号が成り立つのは，$a=-b$ のときである。

19a (左辺)−(右辺)$=a^2+6-4a=(a-2)^2+2$

$(a-2)^2\geqq 0$ であるから　$(a-2)^2+2>0$

したがって　$a^2+6>4a$

19b $2x^2-2x+1=2(x^2-x)+1$

$=2\left\{\left(x-\dfrac{1}{2}\right)^2-\left(\dfrac{1}{2}\right)^2\right\}+1$

$=2\left(x-\dfrac{1}{2}\right)^2+\dfrac{1}{2}$

$\left(x-\dfrac{1}{2}\right)^2\geqq 0$ であるから　$2\left(x-\dfrac{1}{2}\right)^2+\dfrac{1}{2}>0$

よって　$2x^2-2x+1>0$

20a $a^2+2ab+2b^2=a^2+2ab+b^2+b^2$

$=(a+b)^2+b^2$

$(a+b)^2\geqq 0$，$b^2\geqq 0$ であるから

$(a+b)^2+b^2\geqq 0$

よって　$a^2+2ab+2b^2\geqq 0$

等号が成り立つのは，$a=b=0$ のときである。

20b (左辺)−(右辺)

$=a^2+b^2-(4a+2b-5)$

$=(a^2-4a+4)+(b^2-2b+1)$

$=(a-2)^2+(b-1)^2$

$(a-2)^2\geqq 0$，$(b-1)^2\geqq 0$ であるから

$(a-2)^2+(b-1)^2\geqq 0$

したがって　$a^2+b^2\geqq 4a+2b-5$

等号が成り立つのは，$a=2$，$b=1$ のときである。

21a $(a+b)^2-(\sqrt{a^2+b^2})^2$

$=(a^2+2ab+b^2)-(a^2+b^2)$

$=2ab$

$a>0$，$b>0$ から　$2ab>0$

したがって　$(a+b)^2>(\sqrt{a^2+b^2})^2$

ここで，$a+b>0$，$\sqrt{a^2+b^2}>0$ であるから

$a+b>\sqrt{a^2+b^2}$

21b $(2\sqrt{a}+3\sqrt{b})^2-(\sqrt{4a+9b})^2$

$=(4a+12\sqrt{ab}+9b)-(4a+9b)$

$=12\sqrt{ab}$

$a>0$，$b>0$ から　$12\sqrt{ab}>0$

したがって　$(2\sqrt{a}+3\sqrt{b})^2>(\sqrt{4a+9b})^2$

ここで，$2\sqrt{a}+3\sqrt{b}>0$，$\sqrt{4a+9b}>0$ であるから

$2\sqrt{a}+3\sqrt{b}>\sqrt{4a+9b}$

22a (1) 相加平均は $\frac{5}{2}$，相乗平均は 2

(2) 相加平均は 9，相乗平均は $6\sqrt{2}$

22b (1) 相加平均は 8，相乗平均は 8

(2) 相加平均は 6，相乗平均は $3\sqrt{3}$

23a (1) $9a>0$，$\frac{1}{a}>0$ であるから，相加平均と相乗平均の大小関係により

$$9a+\frac{1}{a}\geqq 2\sqrt{9a\cdot\frac{1}{a}}=2\cdot 3=6$$

等号が成り立つのは，$a=\frac{1}{3}$ のときである。

(2) $\frac{b}{2a}>0$，$\frac{a}{2b}>0$ であるから，相加平均と相乗平均の大小関係により

$$\frac{b}{2a}+\frac{a}{2b}\geqq 2\sqrt{\frac{b}{2a}\cdot\frac{a}{2b}}=2\cdot\frac{1}{2}=1$$

等号が成り立つのは，$a=b$ のときである。

23b (1) $4ab>0$，$\frac{9}{ab}>0$ であるから，相加平均と相乗平均の大小関係により

$$4ab+\frac{9}{ab}\geqq 2\sqrt{4ab\cdot\frac{9}{ab}}=2\cdot 6=12$$

等号が成り立つのは，$ab=\frac{3}{2}$ のときである。

(2) $a+b>0$，$\frac{1}{a+b}>0$ であるから，相加平均と相乗平均の大小関係により

$$a+b+\frac{1}{a+b}\geqq 2\sqrt{(a+b)\cdot\frac{1}{a+b}}=2$$

等号が成り立つのは，$a+b=1$ のときである。

考えてみよう 4

最小値は 6 であり，そのときの x の値は，$x=3$

練習 3 (1) $a=-1$，$b=1$

(2) $a=1$，$b=2$

練習 4 $\left(a+\frac{4}{b}\right)\left(b+\frac{1}{a}\right)=ab+1+4+\frac{4}{ab}$

$$=ab+\frac{4}{ab}+5$$

$a>0$，$b>0$ であるから，相加平均と相乗平均の大小関係により

$$ab+\frac{4}{ab}\geqq 2\sqrt{ab\cdot\frac{4}{ab}}=2\cdot 2=4$$

したがって

$$\left(a+\frac{4}{b}\right)\left(b+\frac{1}{a}\right)=ab+\frac{4}{ab}+5\geqq 4+5=9$$

また，等号が成り立つのは，$ab=2$ のときである。

2章　複素数と方程式

1節 ‖ 複素数と方程式の解

24a (1) $\sqrt{11}\,i$　(2) $-\sqrt{3}\,i$　(3) $7i$

24b (1) $\sqrt{13}\,i$　(2) $3\sqrt{2}\,i$　(3) $-4i$

25a (1) $x=\pm\sqrt{7}\,i$　(2) $x=\pm 6i$

25b (1) $x=\pm 2\sqrt{3}\,i$

(2) $x=-1\pm\sqrt{3}\,i$

26a (1) 実部は -5，虚部は 4

(2) 実部は $\frac{\sqrt{3}}{2}$，虚部は $-\frac{7}{2}$

(3) 実部は 0，虚部は $\sqrt{6}$

26b (1) 実部は 2，虚部は -1

(2) 実部は $-\frac{1}{5}$，虚部は $\frac{\sqrt{2}}{5}$

(3) 実部は -3，虚部は 0

27a (1) $a=3$，$b=-2$

(2) $a=1$，$b=2$

(3) $a=4$，$b=0$

27b (1) $a=2$，$b=-\frac{\sqrt{3}}{2}$

(2) $a=-\frac{7}{2}$，$b=\frac{3}{4}$

(3) $a=0$，$b=-1$

28a (1) $5+4i$　(2) $9-13i$

(3) $1+3i$　(4) $21-20i$

28b (1) $-1-i$　(2) $-1-4i$

(3) $1+3i$　(4) $-2+2i$

29a (1) $1-3i$　(2) $4i$

29b (1) $2+i$　(2) 7

30a (1) $\frac{1}{2}+\frac{3}{2}i$

(2) $\frac{14}{13}-\frac{8}{13}i$

(3) $\frac{3}{2}i$

30b (1) $-\frac{3}{10}+\frac{1}{10}i$

(2) $-\frac{3}{5}+\frac{4}{5}i$

(3) $2+\frac{3}{2}i$

31a (1) $x=\frac{-3\pm\sqrt{31}\,i}{4}$

(2) $x=\frac{1\pm\sqrt{13}}{6}$

(3) $x=1\pm i$

31b (1) $x=\frac{3\pm\sqrt{23}\,i}{8}$

(2) $x=\frac{1}{3}$

(3) $x=-1\pm 2i$

考えてみよう 5

$x=\dfrac{-(-2)\pm\sqrt{(-2)^2-3\cdot3}}{3}$

$=\dfrac{2\pm\sqrt{-5}}{3}$

$=\dfrac{2\pm\sqrt{5}\,i}{3}$

32a (1) 異なる2つの虚数解をもつ。
(2) 重解をもつ。
(3) 異なる2つの実数解をもつ。

32b (1) 異なる2つの実数解をもつ。
(2) 異なる2つの虚数解をもつ。
(3) 重解をもつ。

考えてみよう 6

$\dfrac{D}{4}=(-2)^2-3\cdot2=-2<0$

よって，異なる2つの虚数解をもつ。

33a (1) $k>1$　(2) $k\leqq-8$，$4\leqq k$

33b (1) $k\geqq-\dfrac{7}{3}$　(2) $-3<k<1$

考えてみよう 7

$k=-2$ のとき，重解 $x=1$
$k=6$ のとき，重解 $x=-3$

34a (1) 和 -3，積 4
(2) 和 $\dfrac{1}{3}$，積 $\dfrac{5}{3}$
(3) 和 $-\dfrac{3}{2}$，積 $-\dfrac{3}{4}$
(4) 和 -4，積 0

34b (1) 和 5，積 -7
(2) 和 $\dfrac{1}{3}$，積 $\dfrac{1}{3}$
(3) 和 $-\dfrac{1}{2}$，積 $-\dfrac{1}{3}$
(4) 和 0，積 $\dfrac{3}{2}$

35a (1) 1　(2) -7　(3) $-\dfrac{3}{4}$

35b (1) 6　(2) -2　(3) -6

考えてみよう 8

$\alpha^3+\beta^3=(\alpha+\beta)^3-3\alpha\beta(\alpha+\beta)$
例31において，$\alpha^3+\beta^3=27$

36a (1) $x^2-4x+1=0$　(2) $x^2+8x+25=0$

36b (1) $x^2+2x+6=0$　(2) $x^2+1=0$

37a $x^2-3x-1=0$

37b $x^2-12x+4=0$

38a (1) $\left(x-\dfrac{5+\sqrt{13}}{2}\right)\left(x-\dfrac{5-\sqrt{13}}{2}\right)$
(2) $(x-1-\sqrt{2}\,i)(x-1+\sqrt{2}\,i)$
(3) $(x-3i)(x+3i)$

38b (1) $(x+1-\sqrt{5})(x+1+\sqrt{5})$
(2) $3\left(x-\dfrac{1+\sqrt{23}\,i}{6}\right)\left(x-\dfrac{1-\sqrt{23}\,i}{6}\right)$
(3) $(x-2\sqrt{3}\,i)(x+2\sqrt{3}\,i)$

練習5 (1) $k=-12$，方程式の解は $x=5$，-10
(2) $k=\dfrac{3}{2}$，方程式の解は $x=-4$，-1
(3) $k=2$，方程式の解は $x=-2$，-3

練習6 $m>6$

2節 高次方程式

39a (1) 2　(2) 12　(3) 22

39b (1) 3　(2) 7　(3) 27

考えてみよう 9

$P\left(-\dfrac{b}{a}\right)=\left\{a\cdot\left(-\dfrac{b}{a}\right)+b\right\}Q\left(-\dfrac{b}{a}\right)+R$

$=(-b+b)Q\left(-\dfrac{b}{a}\right)+R$

$=0\cdot Q\left(-\dfrac{b}{a}\right)+R=R$

これより，$P(x)$ を1次式 $ax+b$ で割った余りは $P\left(-\dfrac{b}{a}\right)$ である。

よって，$P(x)=2x^2-3x+1$ を $2x+1$ で割った余りは

$P\left(-\dfrac{1}{2}\right)=2\cdot\left(-\dfrac{1}{2}\right)^2-3\cdot\left(-\dfrac{1}{2}\right)+1$

$=3$

40a $x+4$

40b $-2x+5$

41a ②

41b ①，④

42a $(x-1)(x+1)(x+2)$

42b $(x+1)(x-2)(2x+3)$

43a $x=-1$，$\dfrac{1\pm\sqrt{3}\,i}{2}$

43b $x=4$，$-2\pm2\sqrt{3}\,i$

44a (1) $x=\pm1$，$\pm\sqrt{2}$
(2) $x=\pm\sqrt{2}\,i$，±2

44b (1) $x=\pm i$，$\pm\sqrt{5}\,i$
(2) $x=\pm2i$，±2

45a (1) $x=-1$，±2
(2) $x=3$，$-1\pm i$

45b (1) $x=2$，4，-3
(2) $x=-2$，$1\pm\sqrt{5}$

練習7 (1) 商は $3x^2+11x+16$，余りは 43
(2) 商は $2x^2-7x+14$，余りは -37

練習8 $a=-7$，$b=16$，他の解は $x=1$，$3-i$

練習9 (1) 1　(2) 3
(3) 0　(4) -1

練習10 (1) 5　(2) $\dfrac{2}{3}$　(3) 1

3章　図形と方程式

1節‖点と直線

46a (1) 5　(2) 5　(3) $\frac{1}{5}$

46b (1) 2　(2) $\frac{3}{2}$　(3) 6

47a (1) 1　(2) $-\frac{6}{7}$　(3) 0

47b (1) -6　(2) $-\frac{17}{5}$　(3) $-\frac{11}{2}$

48a (1) 4　(2) -4

48b (1) -30　(2) 19

49a (1) $\sqrt{5}$　(2) $\sqrt{29}$
(3) $2\sqrt{13}$　(4) $\sqrt{41}$

49b (1) $\sqrt{82}$　(2) 8
(3) $\sqrt{5}$　(4) $\sqrt{3}$

50a (1) $(5,\ 0)$　(2) $(0,\ 5)$

50b (1) $\left(\frac{3}{4},\ 0\right)$　(2) $(0,\ -3)$

51a (1) $\left(-2,\ \frac{19}{4}\right)$
(2) $(-7,\ 6)$
(3) $\left(-1,\ \frac{9}{2}\right)$

51b (1) $\left(-\frac{12}{5},\ -1\right)$
(2) $\left(-\frac{1}{2},\ \frac{17}{2}\right)$
(3) $\left(-\frac{5}{2},\ -\frac{3}{2}\right)$

52a $(-5,\ 4)$

52b $(0,\ 1)$

53a $(1,\ 2)$

53b $\left(\frac{4}{3},\ 2\right)$

54a (1) $y=5x-7$
(2) $y=-x-1$

54b (1) $y=-2x-8$
(2) $y=-4x-13$

55a (1) $y=x+2$
(2) $y=1$
(3) $x=1$

55b (1) $y=2x-1$
(2) $y=\frac{5}{3}x-5$
(3) $x=-3$

考えてみよう 10

x 軸に平行な直線の方程式は　$y=-2$
y 軸に平行な直線の方程式は　$x=3$

56a $y=3x-10$

56b $7x+3y-5=0$

57a ①と④

57b ②と④

58a (1) 1
(2) $-\frac{3}{2}$

58b (1) -4
(2) $\frac{3}{2}$

59a (1) $y=x+1$
(2) $y=-x+3$

59b (1) $2x-3y-12=0$
(2) $3x+2y-5=0$

考えてみよう 11

2 直線が平行であるとき　$a=\frac{4}{3}$
2 直線が垂直であるとき　$a=-3$

60a (1) $\sqrt{5}$
(2) $\frac{12}{5}$

60b (1) $\frac{4\sqrt{10}}{5}$
(2) $\frac{15\sqrt{13}}{13}$

考えてみよう 12

$\frac{2\sqrt{13}}{13}$

練習11 $(4,\ 4)$

練習12 (1) $4\sqrt{5}$
(2) $x-2y+1=0$
(3) $\frac{13\sqrt{5}}{5}$
(4) 26

練習13 (1) $x+y-3=0$
(2) $x=2$

練習14 点 D を原点，辺 BC を x 軸上にとると，右の図のように 3 点 A，B，C の座標はそれぞれ $\mathrm{A}(a,\ b)$，$\mathrm{B}(-c,\ 0)$，$\mathrm{C}(3c,\ 0)$ と表すことができる。

このとき

$$3\mathrm{AB}^2+\mathrm{AC}^2$$
$$=3\{(a+c)^2+b^2\}+\{(a-3c)^2+b^2\}$$
$$=4(a^2+b^2+3c^2)$$

また　$4(\mathrm{AD}^2+3\mathrm{BD}^2)=4\{(a^2+b^2)+3c^2\}$
$$=4(a^2+b^2+3c^2)$$

よって　$3\mathrm{AB}^2+\mathrm{AC}^2=4(\mathrm{AD}^2+3\mathrm{BD}^2)$

2 節‖円の方程式

61a (1) $(x-1)^2+(y-2)^2=4$

(2) $x^2+y^2=6$

61b (1) $(x-2)^2+(y+1)^2=25$

(2) $x^2+(y+1)^2=\dfrac{1}{4}$

62a (1) 中心は $(1,\ 5)$，半径は $\sqrt{5}$

(2) 中心は $(4,\ -3)$，半径は 1

62b (1) 中心は $(-6,\ 1)$，半径は 2

(2) 中心は $(-2,\ 0)$，半径は $\sqrt{7}$

63a $(x-2)^2+(y+1)^2=25$

63b $(x+1)^2+(y-\sqrt{3})^2=4$

64a $(x-3)^2+(y-5)^2=5$

64b $(x-3)^2+(y+2)^2=26$

考えてみよう 13

$(x+2)^2+(y-3)^2=9$

65a (1)

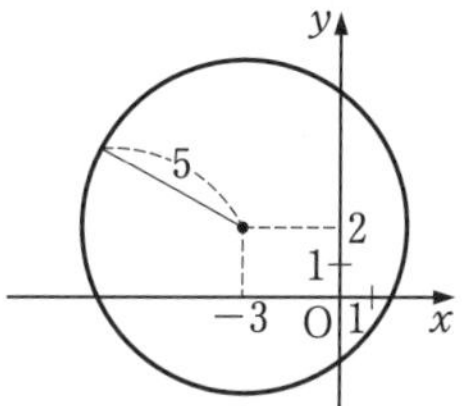

(2)

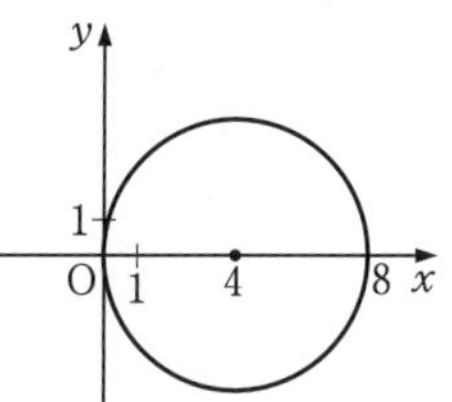

65b (1)

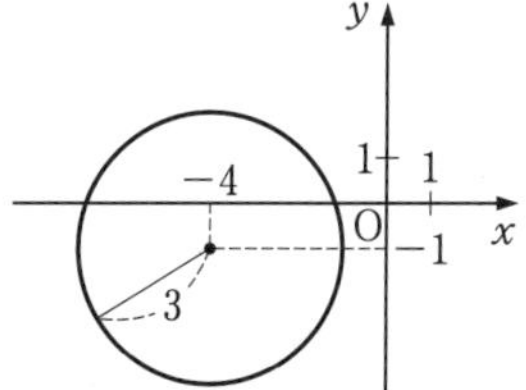

(2)

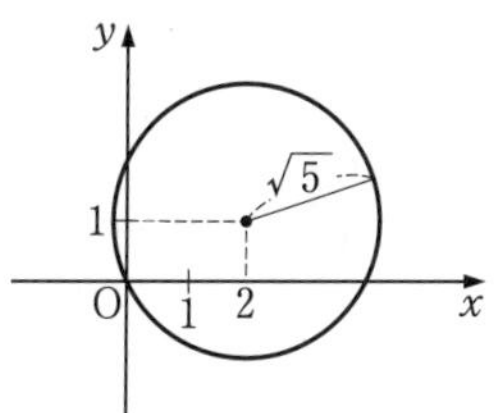

66a $x^2+y^2+4x-6y=0$

66b $x^2+y^2-x-5y+4=0$

67a (1) $(0,\ 1)$，$(-1,\ 0)$

(2) $(-1,\ 1)$

67b (1) $(5,\ 0)$，$(-3,\ 4)$

(2) $(1,\ 2)$，$(-3,\ -6)$

68a (1) $-2<n<2$

(2) $n<-2$，$2<n$

68b (1) $-\sqrt{5}\leqq n\leqq\sqrt{5}$

(2) $n=\pm\sqrt{5}$

69a $r=\sqrt{10}$

69b $r>\dfrac{7\sqrt{13}}{13}$

考えてみよう 14

$n=2,\ 12$

70a (1) $x+3y=10$

(2) $\sqrt{3}x-y=4$

(3) $2x+y=10$

(4) $y=1$

70b (1) $-2x+y=5$

(2) $3x+2y=-13$

(3) $x-\sqrt{3}y=8$

(4) $x=-2$

71a $2x+3y=13$，$3x-2y=13$

71b $x=-1$，$4x+3y=5$

練習15 4

3 節‖軌跡と領域

72a 直線 $2x+y-3=0$

72b 直線 $6x-4y-7=0$

73a 直線 $x-2y+4=0$

73b 円 $x^2+y^2=1$

74a 中心 $(-3,\ 0)$，半径 6 の円

74b 中心 $(0,\ 3)$，半径 2 の円

75a 中心 $(0,\ 1)$，半径 $\dfrac{1}{2}$ の円

75b 中心 $(4,\ 0)$，半径 1 の円

76a (1) 右の図の斜線部分である。ただし，境界線は含まない。

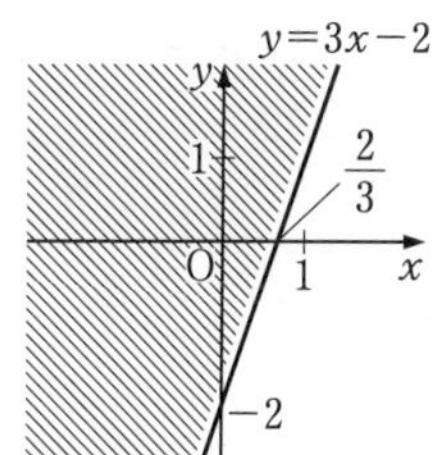

(2) 右の図の斜線部分である。ただし，境界線を含む。

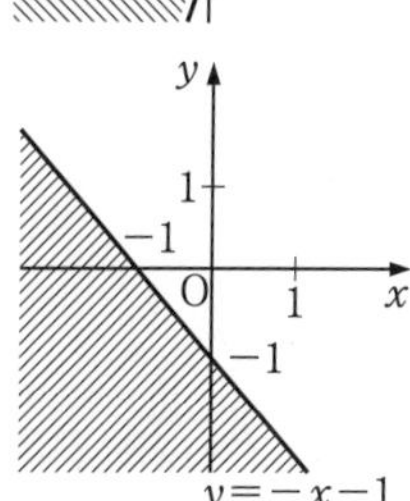

(3) 右の図の斜線部分である。ただし，境界線を含まない。

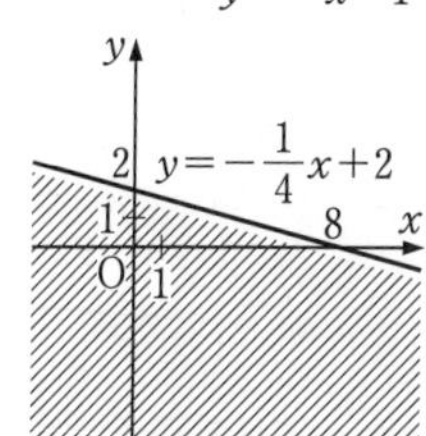

76b (1) 右の図の斜線部分である。ただし，境界線を含む。

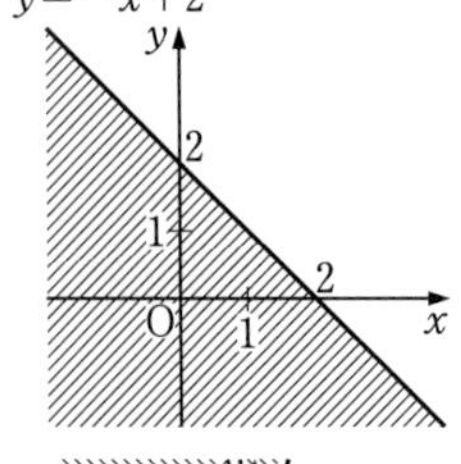

(2) 右の図の斜線部分である。ただし，境界線を含まない。

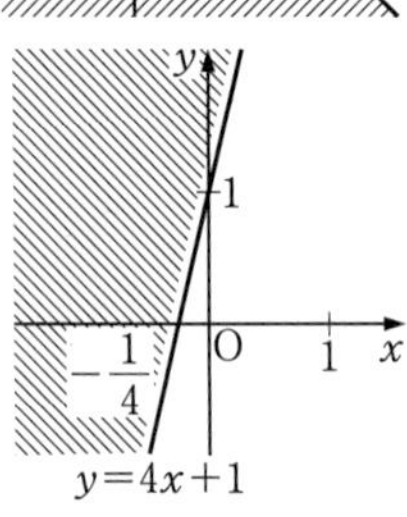

(3) 右の図の斜線部分である。ただし，境界線を含む。

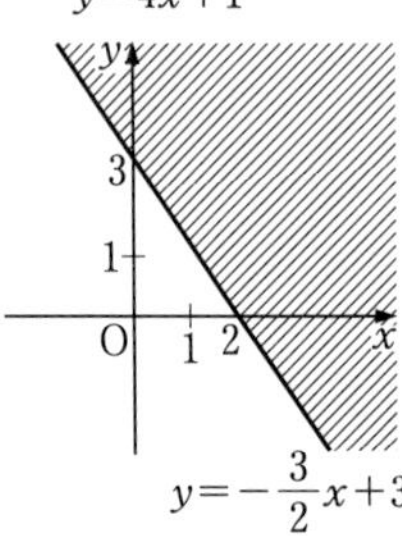

77a 右の図の斜線部分である。ただし，境界線を含む。

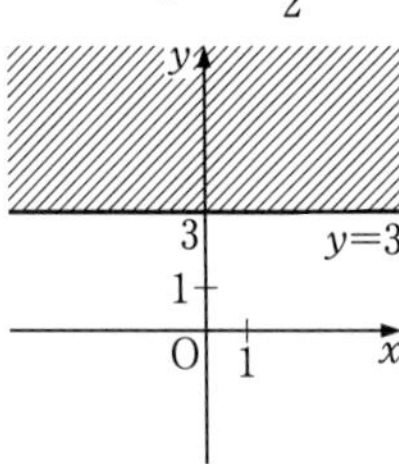

77b 右の図の斜線部分である。ただし，境界線を含まない。

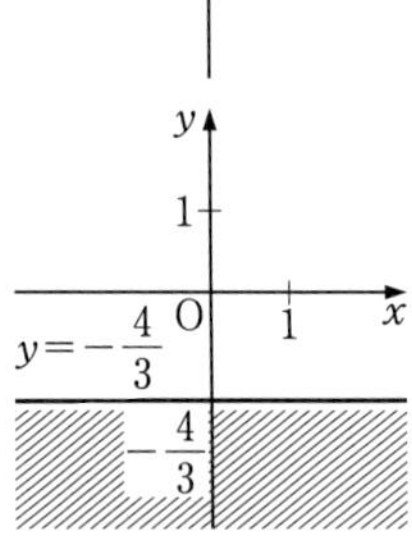

78a 右の図の斜線部分である。ただし，境界線を含まない。

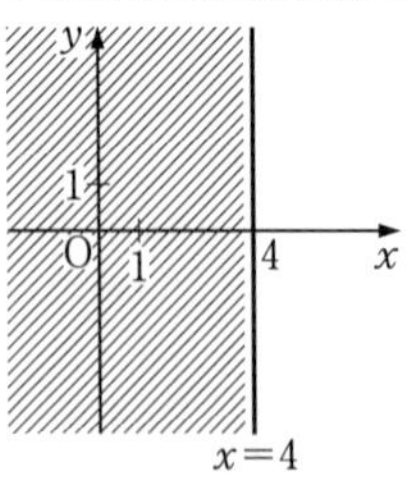

78b 右の図の斜線部分である。ただし，境界線を含む。

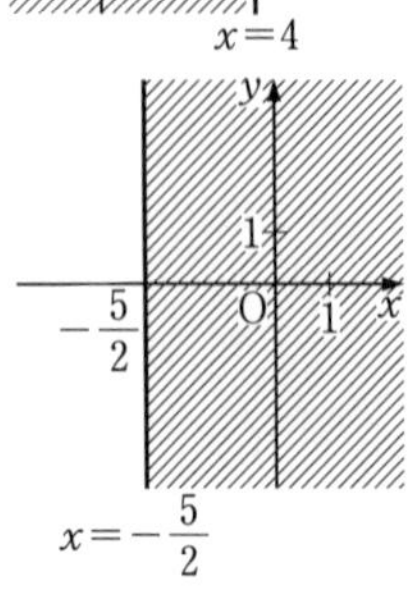

79a (1) 右の図の斜線部分である。ただし，境界線は含まない。

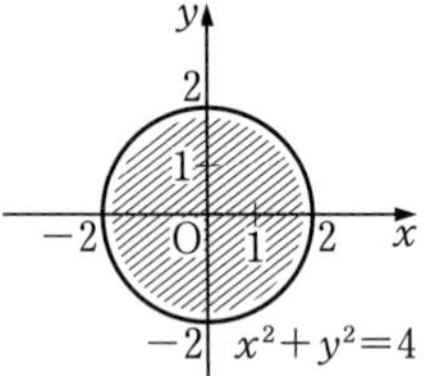

(2) 右の図の斜線部分である。ただし，境界線を含む。

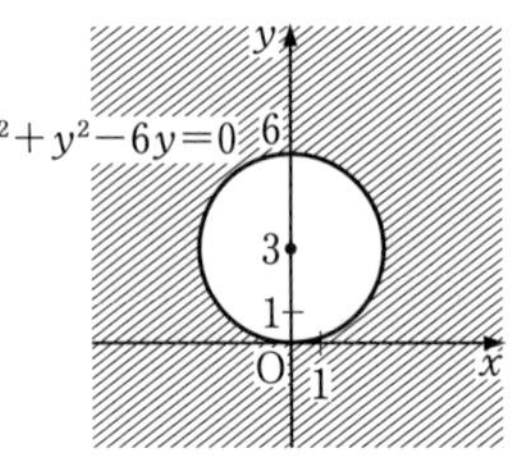

79b (1) 右の図の斜線部分である。ただし，境界線を含む。

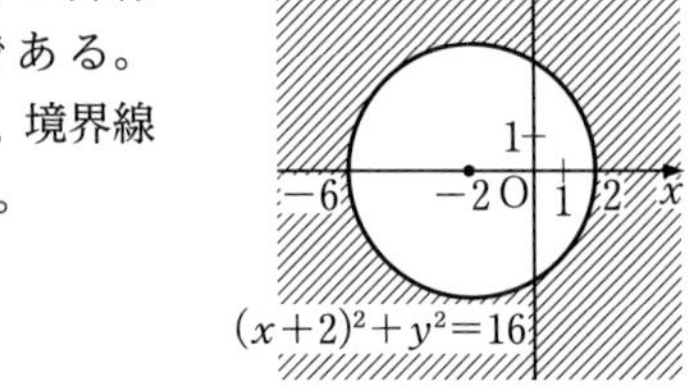

(2) 下の図の斜線部分である。ただし，境界線を含まない。

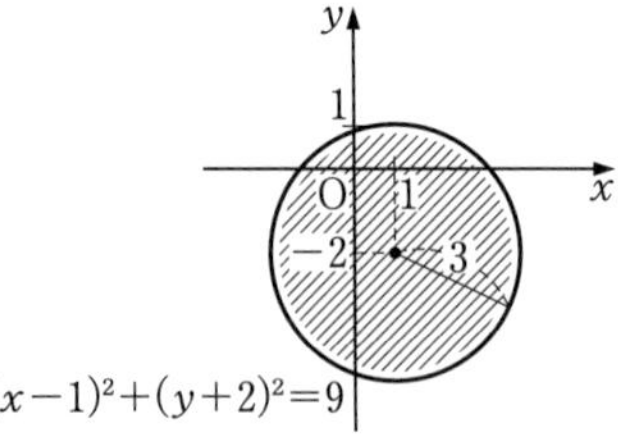

80a (1) 右の図の斜線部分である。ただし，境界線を含まない。

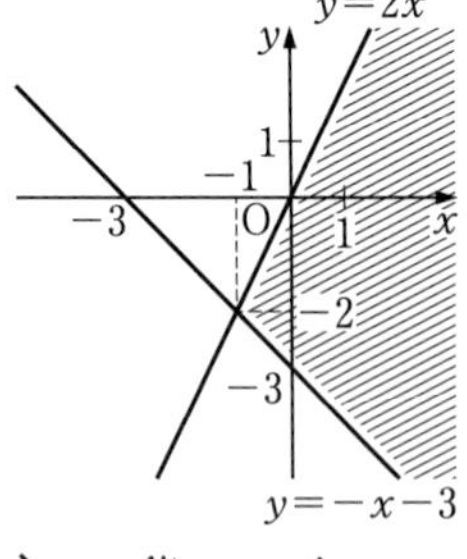

(2) 右の図の斜線部分である。ただし，境界線を含む。

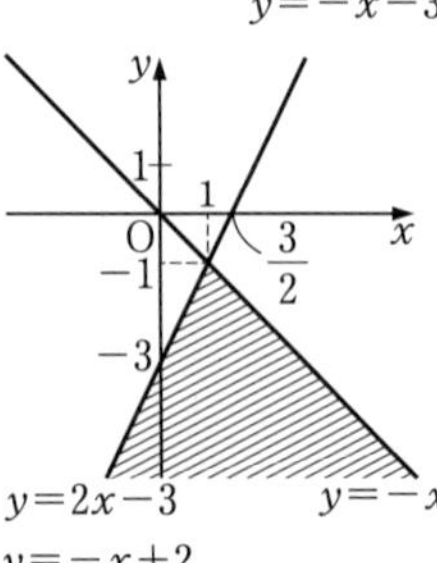

80b (1) 右の図の斜線部分である。ただし，境界線を含まない。

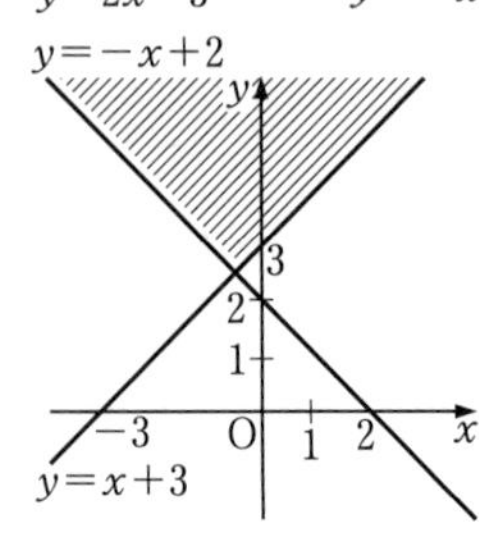

(2) 右の図の斜線部分である。ただし，境界線を含まない。

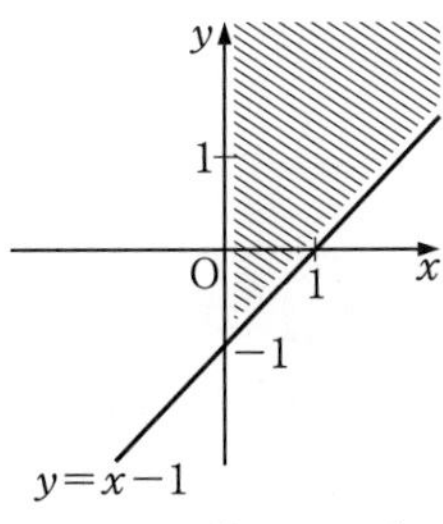

81a (1) 右の図の斜線部分である。ただし，境界線を含む。

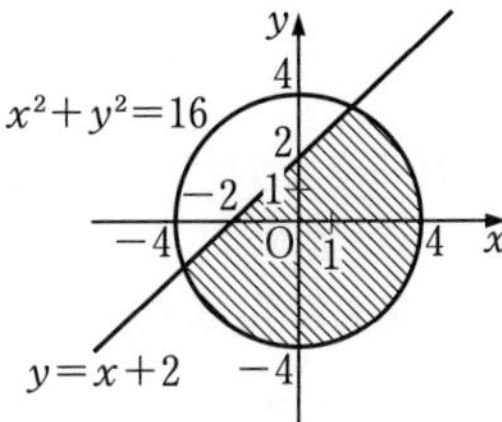

(2) 右の図の斜線部分である。ただし，境界線を含まない。

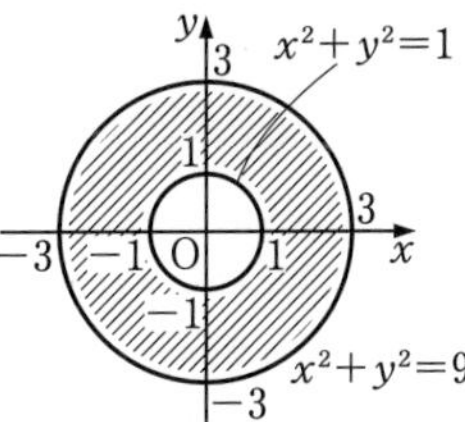

81b (1) 右の図の斜線部分である。ただし，境界線を含まない。

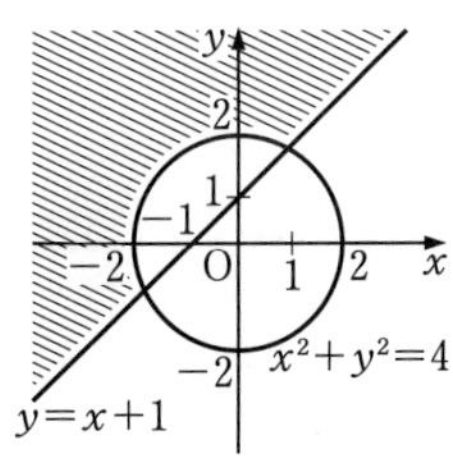

(2) 下の図の斜線部分である。ただし，境界線を含む。

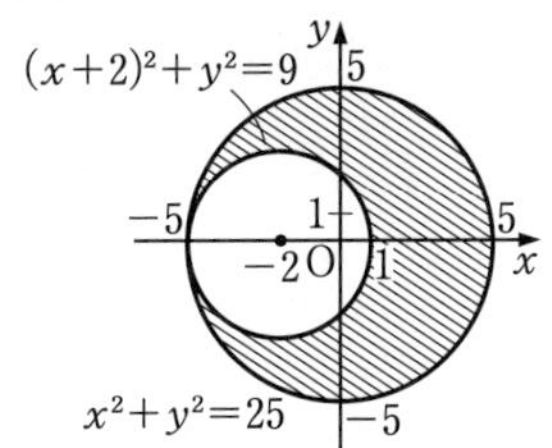

考えてみよう 16

考えてみよう 15

右の図の斜線部分である。ただし，境界線を含む。

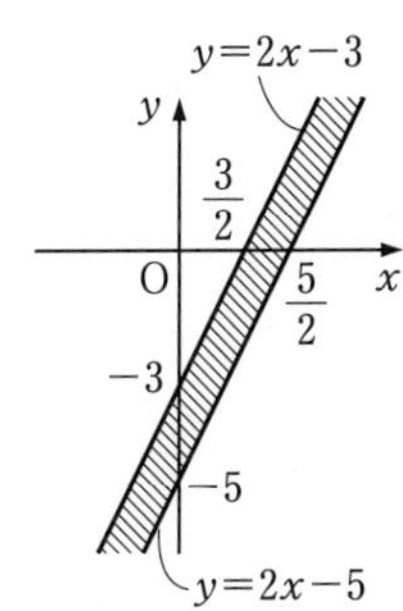

82a (1) $\begin{cases} y \geqq x+2 \\ y \geqq -x+2 \end{cases}$

(2) $\begin{cases} x^2+y^2 \geqq 1 \\ (x-1)^2+y^2 \leqq 1 \end{cases}$

82b (1) $\begin{cases} x^2+y^2<4 \\ y>\sqrt{3}\,x \end{cases}$

(2) $\begin{cases} y<2x \\ y<-x+3 \\ y>0 \end{cases}$

83a $x=2$，$y=2$ のとき　最大値 4 をとり，
$x=0$，$y=0$ のとき　最小値 0 をとる。

83b $x=1$，$y=2$ のとき　最大値 1 をとり，
$x=3$，$y=0$ のとき　最小値 -3 をとる。

考えてみよう 16

$x=2$，$y=0$ のとき　最大値 2 をとり，
$x=0$，$y=2$ のとき　最小値 -2 をとる。

練習16 (1) 直線 $y=-2x+13$

(2) 放物線 $y=-x^2+x-1$

練習17 (1) 図の斜線部分である。ただし，境界線を含まない。

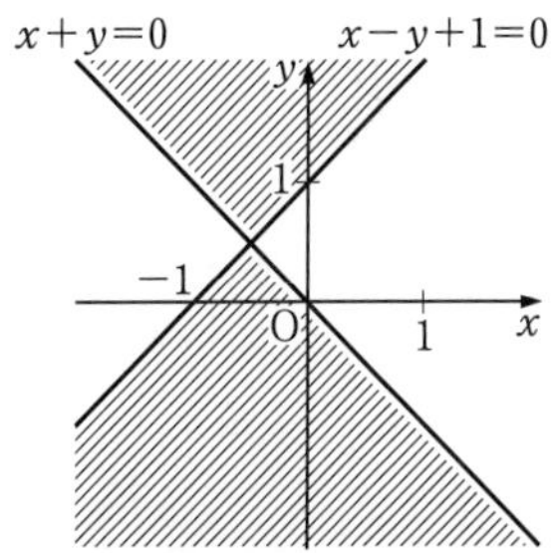

(2) 図の斜線部分である。ただし，境界線を含まない。

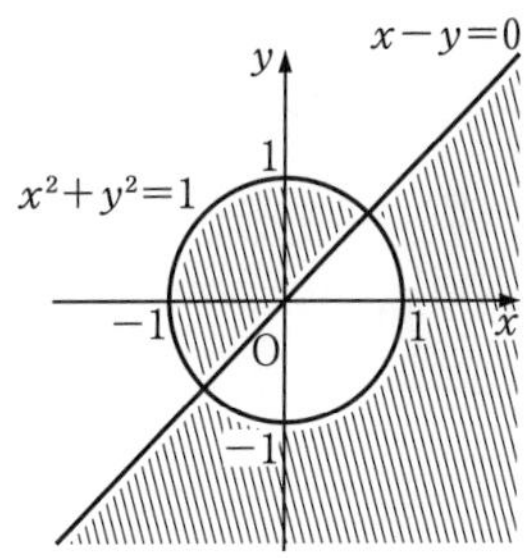

4章　三角関数

1 節‖ 三角関数

84a (1)

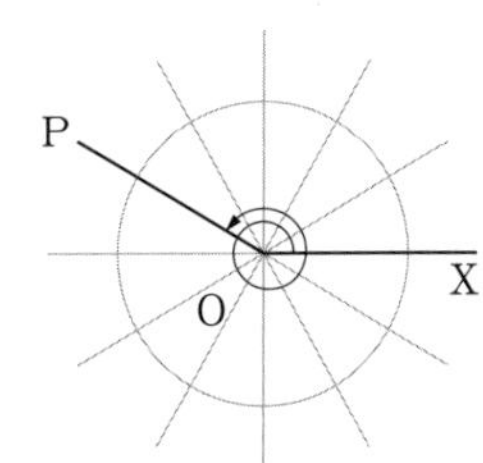

(2)

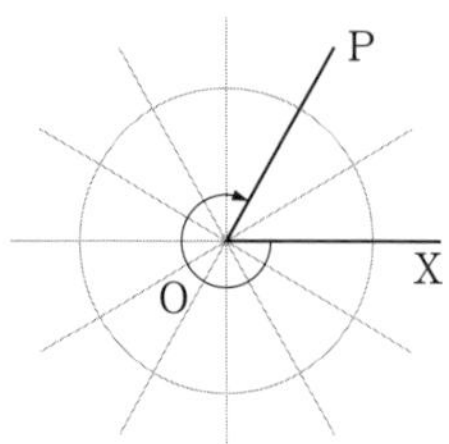

84b (1)

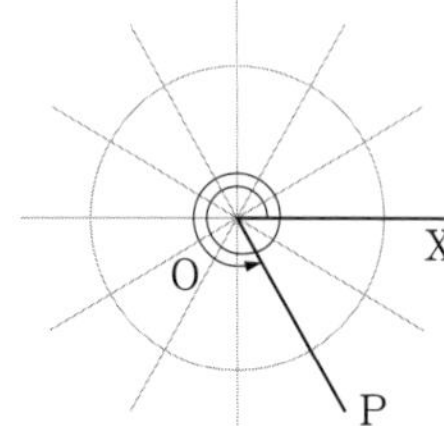

(2)

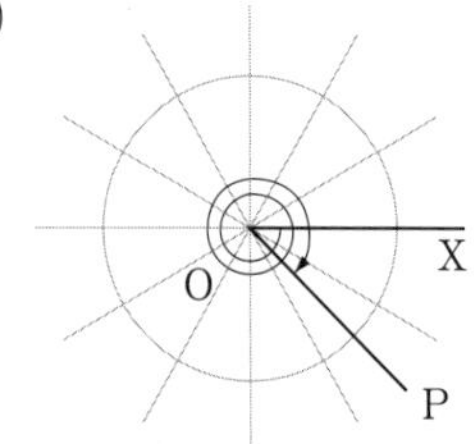

85a $150°+360°\times n$（n は整数）

85b $-110°+360°\times n$（n は整数）

86a (1) $\frac{7}{3}\pi$

(2) $-\frac{7}{12}\pi$

(3) $300°$

(4) $-810°$

86b (1) $\frac{\pi}{5}$

(2) $-\frac{10}{3}\pi$

(3) $510°$

(4) $-75°$

87a $\ell=\frac{3}{2}\pi,\ S=\frac{3}{2}\pi$

87b $\ell=\frac{20}{3}\pi,\ S=\frac{80}{3}\pi$

88a (1) $\sin\frac{7}{4}\pi=-\frac{1}{\sqrt{2}}$

$\cos\frac{7}{4}\pi=\frac{1}{\sqrt{2}}$

$\tan\frac{7}{4}\pi=-1$

(2) $\sin\left(-\frac{7}{6}\pi\right)=\frac{1}{2}$

$\cos\left(-\frac{7}{6}\pi\right)=-\frac{\sqrt{3}}{2}$

$\tan\left(-\frac{7}{6}\pi\right)=-\frac{1}{\sqrt{3}}$

88b (1) $\sin\frac{10}{3}\pi=-\frac{\sqrt{3}}{2}$

$\cos\frac{10}{3}\pi=-\frac{1}{2}$

$\tan\frac{10}{3}\pi=\sqrt{3}$

(2) $\sin\left(-\frac{3}{2}\pi\right)=1$

$\cos\left(-\frac{3}{2}\pi\right)=0$

$\tan\left(-\frac{3}{2}\pi\right)$ の値はない。

考えてみよう 17

(1) 第 4 象限

(2) 第 2 象限 または 第 4 象限

89a $\cos\theta=\frac{1}{\sqrt{5}},\ \tan\theta=-2$

89b $\sin\theta=-\frac{12}{13},\ \tan\theta=\frac{12}{5}$

90a $\sin\theta=-\frac{1}{\sqrt{5}},\ \cos\theta=-\frac{2}{\sqrt{5}}$

90b $\sin\theta=\frac{4}{5},\ \cos\theta=-\frac{3}{5}$

91a (左辺)$=9\sin^2\theta+6\sin\theta\cos\theta+\cos^2\theta+\sin^2\theta-6\sin\theta\cos\theta+9\cos^2\theta$

$=10(\sin^2\theta+\cos^2\theta)=10=$(右辺)

91b (左辺)$=\frac{\cos\theta}{1+\sin\theta}+\frac{\sin\theta}{\cos\theta}$

$=\frac{\cos^2\theta+\sin\theta(1+\sin\theta)}{(1+\sin\theta)\cos\theta}$

$=\frac{\cos^2\theta+\sin\theta+\sin^2\theta}{(1+\sin\theta)\cos\theta}$

$=\frac{1+\sin\theta}{(1+\sin\theta)\cos\theta}$

$=\frac{1}{\cos\theta}=$(右辺)

よって　$\frac{\cos\theta}{1+\sin\theta}+\tan\theta=\frac{1}{\cos\theta}$

92a $-\frac{12}{25}$

92b $-\frac{1}{2}$

考えてみよう 18

$\frac{13}{27}$

93a (1) $-\frac{1}{\sqrt{2}}$

(2) $\frac{1}{2}$

(3) $-\frac{1}{\sqrt{3}}$

93b (1) $\frac{\sqrt{3}}{2}$

(2) $-\frac{\sqrt{3}}{2}$

(3) $-\sqrt{3}$

94a 周期は 2π

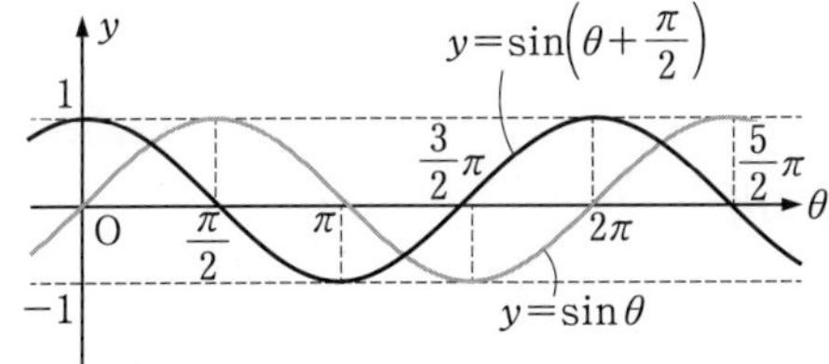

94b 周期は 2π

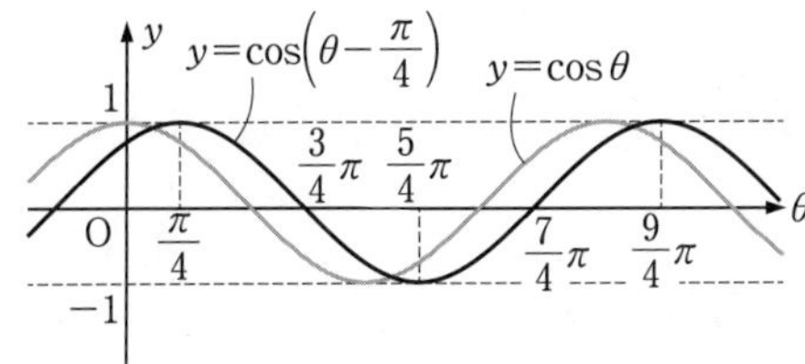

95a 周期は 2π

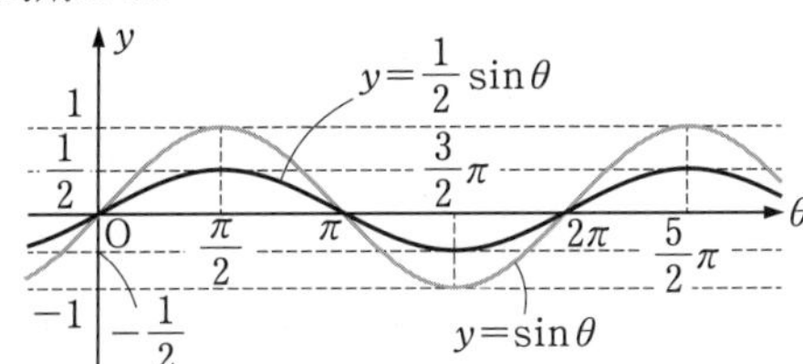

95b 周期は 2π

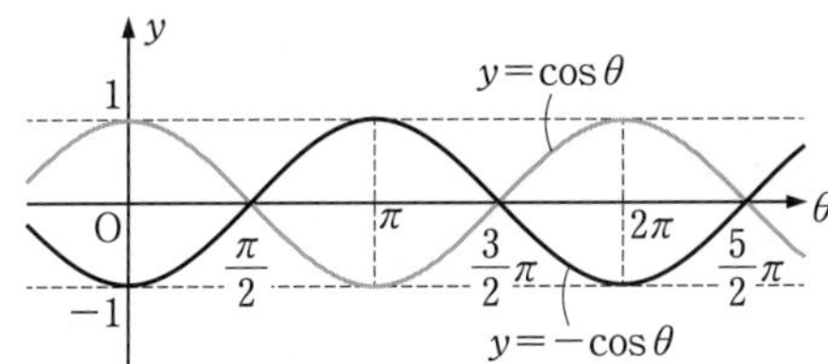

96a 周期は $\frac{2}{3}\pi$

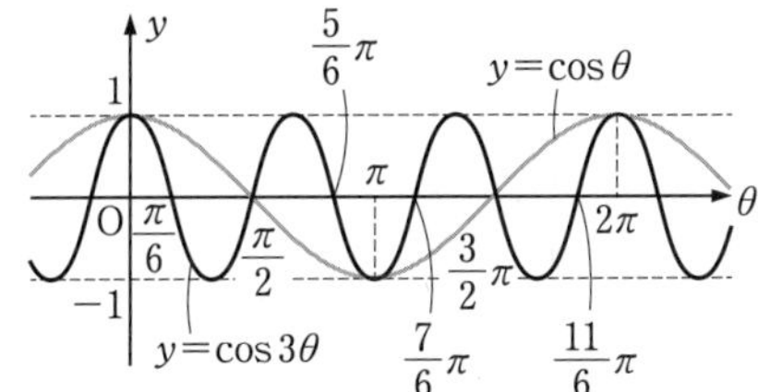

96b 周期は 4π

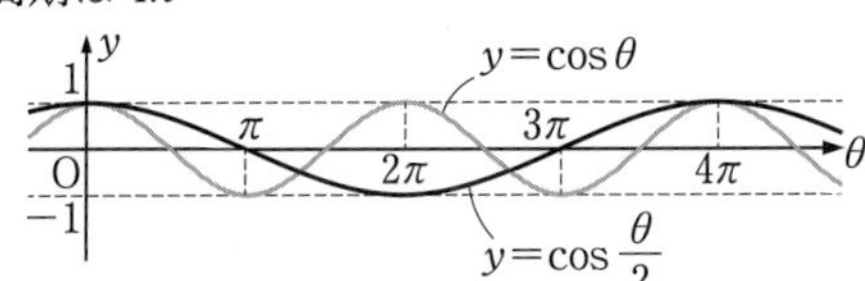

考えてみよう 19

$y=\sin\theta$

周期　2π，値域　$-1\leqq y\leqq 1$

グラフの特徴

・グラフは **原点** に関して対称

$y=\cos\theta$

周期　2π，値域　$-1\leqq y\leqq 1$

グラフの特徴

・グラフは **y 軸** に関して対称

$y=\tan\theta$

周期　π，値域　すべての実数値

グラフの特徴

・グラフは **原点** に関して対称

・漸近線は直線 $\theta=\boxed{\frac{\pi}{2}}$，$\theta=\boxed{-\frac{\pi}{2}}$，$\theta=\boxed{\frac{3}{2}\pi}$

などである。

$\left(\theta=\frac{\pi}{2}+n\pi\ (n \text{ は整数})\text{であればよい。}\right)$

97a (1) $\theta=\frac{4}{3}\pi,\ \frac{5}{3}\pi$

(2) $\theta=\frac{\pi}{2},\ \frac{3}{2}\pi$

97b (1) $\theta=\frac{\pi}{4},\ \frac{7}{4}\pi$

(2) $\theta=\frac{3}{2}\pi$

98a (1) $\frac{5}{4}\pi<\theta<\frac{7}{4}\pi$

(2) $\frac{\pi}{6}\leqq\theta\leqq\frac{11}{6}\pi$

98b (1) $0\leqq\theta\leqq\frac{\pi}{6},\ \frac{5}{6}\pi\leqq\theta<2\pi$

(2) $0\leqq\theta<\frac{2}{3}\pi,\ \frac{4}{3}\pi<\theta<2\pi$

99a (1) $\theta=\frac{3}{4}\pi,\ \frac{7}{4}\pi$

(2) $\frac{\pi}{2}<\theta\leqq\frac{3}{4}\pi,\ \frac{3}{2}\pi<\theta\leqq\frac{7}{4}\pi$

99b (1) $\theta=\frac{2}{3}\pi,\ \frac{5}{3}\pi$

(2) $0\leqq\theta<\frac{\pi}{2},\ \frac{2}{3}\pi<\theta<\frac{3}{2}\pi,$

$\frac{5}{3}\pi<\theta<2\pi$

練習18 (1) $\theta=\frac{\pi}{6},\ \frac{5}{6}\pi$

(2) $\theta=\frac{\pi}{3},\ \frac{5}{3}\pi$

練習19 $\theta=0$ のとき，最大値 2 をとり，

$\theta=\frac{2}{3}\pi,\ \frac{4}{3}\pi$ のとき，最小値 $-\frac{1}{4}$ をとる。

2 節 三角関数の加法定理

100a (1) $\frac{\sqrt{2}-\sqrt{6}}{4}$　(2) $\frac{\sqrt{6}+\sqrt{2}}{4}$

100b (1) $-\frac{\sqrt{6}+\sqrt{2}}{4}$　(2) $-\frac{\sqrt{6}+\sqrt{2}}{4}$

101a (1) $-\frac{33}{65}$　(2) $-\frac{16}{65}$

101b (1) $\frac{\sqrt{15}-2}{6}$　(2) $\frac{\sqrt{5}-2\sqrt{3}}{6}$

102a $2-\sqrt{3}$

102b $-2+\sqrt{3}$

103a $\theta=45°$

103b $\theta=45°$

104a (1) $-\frac{4\sqrt{2}}{9}$ (2) $\frac{7}{9}$ (3) $-\frac{4\sqrt{2}}{7}$

104b (1) $\frac{4\sqrt{5}}{9}$ (2) $-\frac{1}{9}$ (3) $-4\sqrt{5}$

105a (1) $\theta=0,\ \frac{\pi}{6},\ \frac{5}{6}\pi,\ \pi$

(2) $\theta=\frac{\pi}{4},\ \frac{\pi}{2},\ \frac{3}{4}\pi,\ \frac{3}{2}\pi$

105b (1) $\theta=\frac{2}{3}\pi,\ \frac{4}{3}\pi$

(2) $\theta=\frac{\pi}{3},\ \frac{\pi}{2},\ \frac{5}{3}\pi$

106a (1) $\frac{\sqrt{2-\sqrt{2}}}{2}$

(2) $\sqrt{2}-1$

106b (1) $\frac{\sqrt{2-\sqrt{2}}}{2}$

(2) $\frac{\sqrt{2+\sqrt{2}}}{2}$

考えてみよう20

(1) $\frac{\sqrt{6}}{3}$ (2) $-\frac{\sqrt{3}}{3}$ (3) $-\sqrt{2}$

107a (1) $\sqrt{2}\sin\left(\theta+\frac{3}{4}\pi\right)$

(2) $\sqrt{2}\sin\left(\theta-\frac{3}{4}\pi\right)$

107b (1) $2\sqrt{3}\sin\left(\theta+\frac{\pi}{6}\right)$

(2) $\sin\left(\theta-\frac{\pi}{3}\right)$

108a (1) 最大値は 2，最小値は -2

(2) 最大値は$2\sqrt{6}$，最小値は $-2\sqrt{6}$

108b (1) 最大値は$4\sqrt{3}$，最小値は $-4\sqrt{3}$

(2) 最大値は $\sqrt{5}$，最小値は $-\sqrt{5}$

練習20 (1) $\theta=0,\ \frac{2}{3}\pi$

(2) $\theta=\frac{\pi}{12},\ \frac{17}{12}\pi$

練習21 (1) $0\leqq\theta<\frac{\pi}{6},\ \frac{5}{6}\pi<\theta<2\pi$

(2) $0\leqq\theta\leqq\frac{2}{3}\pi,\ \frac{4}{3}\pi\leqq\theta<2\pi$

5章　指数関数・対数関数

1 節 指数関数

109a (1) 1 (2) $\frac{1}{81}$

(3) $\frac{1}{10}$ (4) $-\frac{1}{32}$

109b (1) $\frac{1}{16}$ (2) 1

(3) 2 (4) $\frac{27}{64}$

110a (1) a^{-2} (2) a^{6}

(3) a^{-12} (4) $a^{-2}b^{-6}$

110b (1) 1 (2) a^{-3}

(3) $a^{-15}b^{5}$ (4) a^{3}

111a (1) $\frac{1}{49}$ (2) 16

111b (1) 64 (2) $\frac{1}{3}$

112a (1) 5 (2) -2

(3) 2 (4) $\frac{1}{3}$

112b (1) -6 (2) 10

(3) -1 (4) 0.2

113a (1) 3 (2) 2

(3) $\sqrt[3]{49}$ (4) $\sqrt[12]{3}$

113b (1) 6 (2) $\frac{1}{2}$

(3) 5 (4) $\sqrt[10]{6}$

114a (1) $\sqrt[4]{27}$ (2) $\sqrt{10}$ (3) $\frac{1}{\sqrt[5]{6}}$

114b (1) $\frac{1}{\sqrt[3]{16}}$ (2) $\sqrt[4]{20}$ (3) $\frac{1}{2}$

115a (1) $a^{\frac{4}{3}}$ (2) $a^{-\frac{2}{5}}$

115b (1) $a^{\frac{5}{4}}$ (2) $a^{-\frac{3}{2}}$

116a (1) 16 (2) $\sqrt{7}$ (3) 4

116b (1) $\frac{1}{3}$ (2) 1 (3) 9

117a (1) 2 (2) 3

117b (1) 3 (2) 2

118a (1) $1<2^{\frac{1}{3}}<2^{0.5}$

(2) $\left(\frac{1}{3}\right)^2<\frac{1}{3}<\left(\frac{1}{3}\right)^{-2}$

118b (1) $5^{-\frac{2}{3}}<5^{-\frac{3}{10}}<5^2$

(2) $\sqrt[4]{0.1^3}<\sqrt[3]{0.1^2}<\sqrt{0.1}$

119a $\sqrt[3]{81}<\sqrt{27}<9$

119b $\left(\frac{1}{2}\right)^3<\sqrt[3]{\frac{1}{4}}<1$

120a (1) $x=2$ (2) $x=\frac{1}{3}$

120b (1) $x=\frac{5}{2}$ (2) $x=-2$

121a (1) $x<\frac{4}{3}$ (2) $x\leqq-4$

121b (1) $x\leqq-2$ (2) $x<-3$

練習22 (1) $x=0$ (2) $x<1$

練習23 $x=2$ のとき最大値37，
$x=1$ のとき最小値 1

2 節 対数関数

122a (1) $\log_4 16=2$

(2) $\log_7 1=0$

122b (1) $\log_3\frac{1}{3}=-1$

(2) $\log_6\sqrt{6}=\frac{1}{2}$

123a (1) $10^3=1000$

(2) $\left(\frac{1}{3}\right)^{-2}=9$

123b (1) $6^{-1}=\frac{1}{6}$

(2) $81^{\frac{1}{4}}=3$

124a $x=64$

124b $x=7$

125a (1) 2 (2) -4

125b (1) -1 (2) $\frac{1}{2}$

126a (1) $\frac{5}{3}$ (2) $-\frac{1}{2}$

126b (1) $-\frac{1}{3}$ (2) 8

127a (1) 1 (2) 2

127b (1) 2 (2) -1

128a (1) 2 (2) 1

128b (1) 2 (2) 2

129a 4

129b 1

130a (1) $\frac{3}{4}$ (2) $-\frac{2}{3}$

130b (1) $\frac{1}{4}$ (2) 1

考えてみよう 21

$\frac{2b}{a}$

131a (1) $\log_{\frac{1}{5}}\frac{1}{2}<\log_{\frac{1}{5}}\frac{1}{3}<\log_{\frac{1}{5}}\frac{1}{4}$

(2) $1<2\log_3 2<\log_3 5$

131b (1) $2\log_6\sqrt{5}<\log_6 7<3\log_6 2$

(2) $-1<\log_{\frac{1}{2}}\sqrt{3}<2\log_{\frac{1}{2}}\frac{1}{\sqrt{3}}$

132a $\log_4 6<\log_2 3<2$

132b $\log_{\frac{1}{2}}5<\log_{\frac{1}{4}}9<0$

133a (1) $x=5$

(2) $x=7$

133b (1) $x=3$

(2) $x=0$

134a (1) $-3<x<13$

(2) $-2<x<-\frac{5}{3}$

134b (1) $x\leqq-3$

(2) $x\geqq 1$

135a (1) 2.4742

(2) -0.2097

135b (1) 3.0792

(2) -1.0752

136a 9桁

136b 14桁

練習24 $x=\frac{1}{2}$ のとき，最大値 7 をとり，

$x=2$ のとき，最小値 3 をとる。

練習25 小数第10位

6章 微分と積分

1 節 微分係数と導関数

137a (1) 7

(2) $6+h$

137b (1) -6

(2) $-6a-3h$

138a (1) $f'(2)=\lim_{h\to 0}\frac{f(2+h)-f(2)}{h}$

$=\lim_{h\to 0}\frac{\{(2+h)^2-3(2+h)\}-(2^2-3\cdot 2)}{h}$

$=\lim_{h\to 0}\frac{h+h^2}{h}=\lim_{h\to 0}(1+h)$

$=1$

(2) $f'(a)=\lim_{h\to 0}\frac{f(a+h)-f(a)}{h}$

$=\lim_{h\to 0}\frac{\{(a+h)^2-3(a+h)\}-(a^2-3a)}{h}$

$=\lim_{h\to 0}\frac{(2a-3)h+h^2}{h}$

$=\lim_{h\to 0}\{(2a-3)+h\}$

$=2a-3$

138b (1) $f'(-1)=\lim_{h\to 0}\frac{f(-1+h)-f(-1)}{h}$

$=\lim_{h\to 0}\frac{\{-(-1+h)^2+2(-1+h)\}-\{-(-1)^2+2\cdot(-1)\}}{h}$

$=\lim_{h\to 0}\frac{4h-h^2}{h}=\lim_{h\to 0}(4-h)$

$=4$

(2) $f'(a)=\lim_{h\to 0}\frac{f(a+h)-f(a)}{h}$

$=\lim_{h\to 0}\frac{\{-(a+h)^2+2(a+h)\}-(-a^2+2a)}{h}$

$=\lim_{h\to 0}\frac{(-2a+2)h-h^2}{h}=\lim_{h\to 0}\{(-2a+2)-h\}$

$=-2a+2$

139a $f'(x)=\lim_{h\to 0}\frac{f(x+h)-f(x)}{h}$

$=\lim_{h\to 0}\frac{\{3(x+h)^2+1\}-(3x^2+1)}{h}$

$=\lim_{h\to 0}\frac{6xh+3h^2}{h}$

$=\lim_{h\to 0}(6x+3h)=6x$

139b $f'(x)=\lim_{h\to 0}\frac{f(x+h)-f(x)}{h}$

$=\lim_{h\to 0}\frac{-(x+h)^3-(-x^3)}{h}$

$=\lim_{h\to 0}\frac{-3x^2h-3xh^2-h^3}{h}$

$=\lim_{h\to 0}(-3x^2-3xh-h^2)$

$=-3x^2$

140a (1) $y'=-1$

(2) $y'=0$

(3) $y'=3x-3$

(4) $y'=9x^2+8x-6$

(5) $y'=-4x^3+4x$

140b (1) $y'=2x-5$

(2) $y'=0$

(3) $y'=-8x$

(4) $y'=-x^2+2x-4$

(5) $y'=8x^3-3x^2-3x$

141a (1) $y'=2x+3$

(2) $y'=-9x^2+6x$

(3) $y'=3x^2-6x+2$

(4) $y'=3x^2+12x+12$

141b (1) $y'=-6x+5$

(2) $y'=8x-4$

(3) $y'=-2x+2$

(4) $y'=8x^3+6x^2+2x-1$

142a (1) $h'=-2t+3$

(2) $S'=2a+1$

(3) $V'=2\pi rh$

142b (1) $x'=t-1$

(2) $V'=r^2+2r+1$

(3) $V'=4\pi r^2+20\pi r$

143a $f'(2)=0$, $f'(-1)=6$

143b $f'(0)=-3$, $f'(-2)=17$

144a (1) $y=2x+2$

(2) $y=2x+8$

144b (1) $y=x-1$

(2) $y=-2x-10$

145a (1) $y=-4x-1$

(2) $y=-x+1$

145b (1) $y=-2x+4$

(2) $y=-8x-21$

146a $y=-6x-9$, $y=2x-1$

146b $y=2x+4$, $y=-10x+28$

考えてみよう 22

$y=4x-2$

2 節 関数の値の変化

147a

x	…	-2	…	2	…
$f'(x)$	$+$	0	$-$	0	$+$
$f(x)$	↗	16	↘	-16	↗

147b

x	…	-1	…	3	…
$f'(x)$	$-$	0	$+$	0	$-$
$f(x)$	↘	-6	↗	26	↘

148a (1) $x=-1$ で極小値 -2, $x=1$ で極大値 2

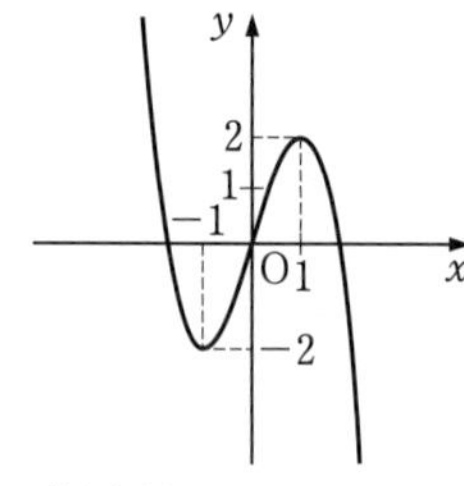

(2) $x=1$ で極大値 7， $x=2$ で極小値 6

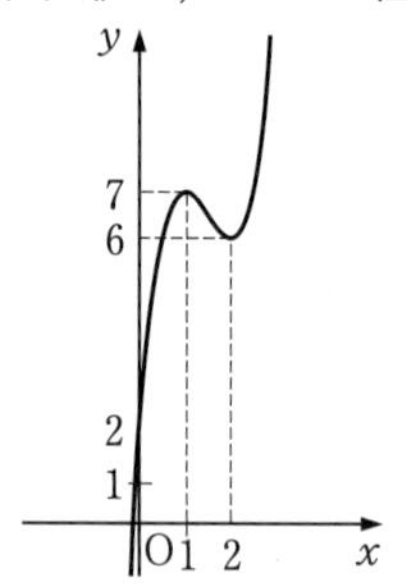

148b (1) $x=0$ で極大値 5， $x=2$ で極小値 1

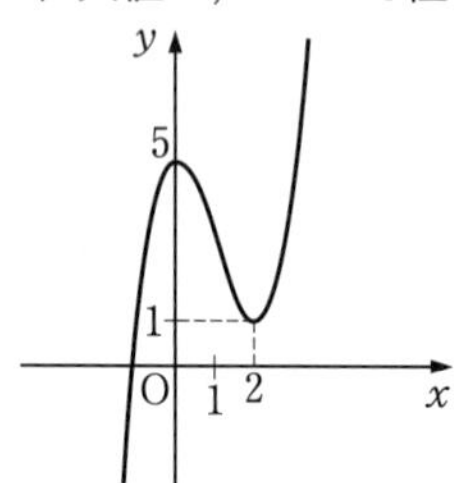

(2) $x=-3$ で極小値 -1, $x=-1$ で極大値 3

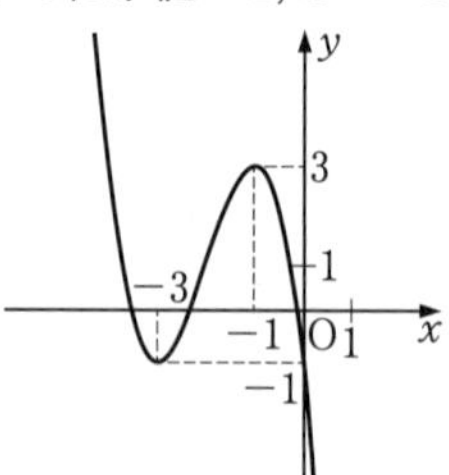

149a

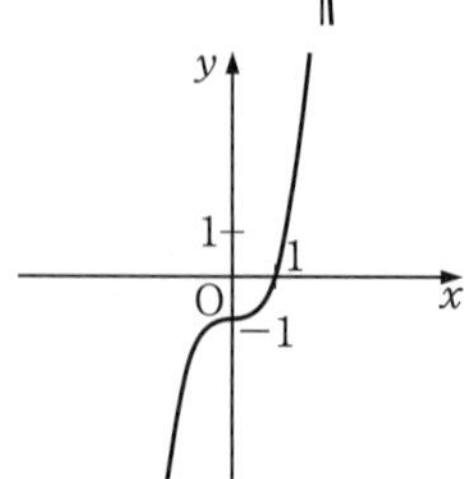

149b

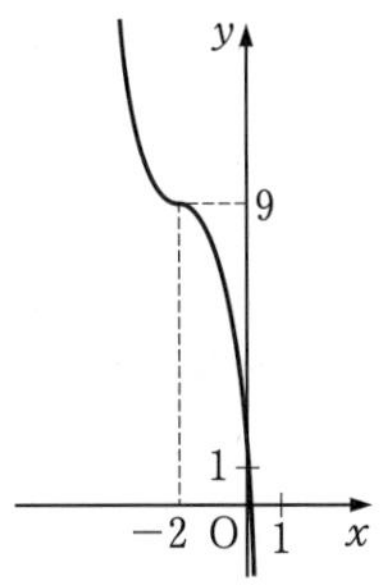

考えてみよう 23

$f'(x)=3x^2+6x+4$

$\quad =3(x+1)^2+1>0$

よって，$f(x)$ はつねに増加する。

150a $a=12$，$b=-7$，極小値 -23

150b $a=3$，$b=-9$，極大値 25

151a $x=-2$，4 で最大値 17，
$x=2$ で最小値 -15

151b $x=-2$ で最大値 15，
$x=0$，3 で最小値 -5

152a $x=1$

152b 底面の半径を 4 cm にすればよい。
また，このときの体積は $\frac{32}{3}\pi$ cm^3 である。

153a 1 個

153b 2 個

154a $f(x)=(x^3+1)-(x^2+x)=x^3-x^2-x+1$ とすると，$x\geqq0$ のとき，$f(x)$ の最小値が 0 であるから

$\quad f(x)\geqq0$

すなわち　$x^3+1\geqq x^2+x$

等号が成り立つのは，$x=1$ のときである。

154b $f(x)=(2x^3+12x-4)-9x^2$

$\quad =2x^3-9x^2+12x-4$

とすると，$x\geqq1$ のとき，$f(x)$ の最小値が 0 であるから

$\quad f(x)\geqq0$

すなわち　$2x^3+12x-4\geqq9x^2$

等号が成り立つのは，$x=2$ のときである。

練習26 $a<-12$，$0<a$ のとき，1 個
$a=-12$，0 のとき，　2 個
$-12<a<0$ のとき，　3 個

練習27

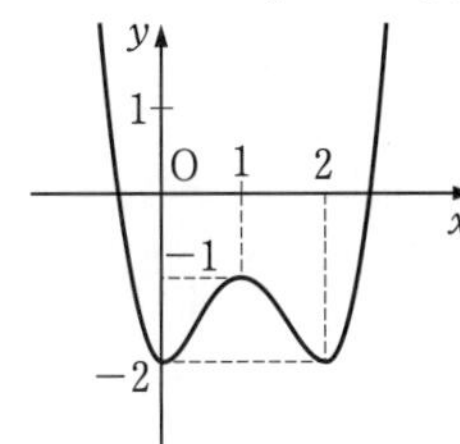

3 節‖ 積分

155a (1) $6x+C$
(2) $2x^2-x+C$
(3) $-x^3+3x^2+2x+C$
(4) $\frac{3}{2}x^4-x^3+x+C$

155b (1) $-\frac{3}{2}x^2+C$
(2) $\frac{1}{3}x^3+2x^2-5x+C$
(3) $-\frac{4}{3}x^3-\frac{3}{2}x^2+C$
(4) $\frac{1}{4}x^4+3x^3-\frac{3}{2}x^2+x+C$

156a (1) $\frac{2}{3}x^3-\frac{1}{2}x^2+C$
(2) $\frac{2}{3}x^3-\frac{1}{2}x^2-6x+C$
(3) $\frac{4}{3}t^3+2t^2+t+C$

156b (1) $3x^3-x+C$
(2) $\frac{1}{4}x^4-\frac{3}{2}x^2-2x+C$
(3) $-y^3+\frac{5}{2}y^2-2y+C$

157a $F(x)=x^3+2x^2-5x+4$

157b $F(x)=-x^3+3x^2-2x+4$

158a (1) 10　(2) 6
(3) -4　(4) $-\frac{13}{6}$

158b (1) 4　(2) 24
(3) 12　(4) $\frac{4}{3}$

159a (1) $\frac{2}{3}$　(2) $\frac{1}{6}$

159b (1) $\frac{8}{3}$　(2) $\frac{1}{2}$

160a 7

160b 20

161a (1) 0　(2) -3

161b (1) 0　(2) 9

考えてみよう 24

$-\frac{4}{3}$

162a $3x^2-x$

162b $-2x^2-x+7$

163a $f(x)=2x-1$，$k=0$

163b $f(x)=6x+2$，$k=-8$

考えてみよう 25

$f(x)=-4x+3$，$k=-\frac{1}{2}$

164a $\frac{38}{3}$

164b 24

165a $\frac{40}{3}$

165b 12

166a (1) $\frac{9}{2}$ (2) $\frac{4}{3}$

166b (1) $\frac{4}{3}$ (2) $\frac{32}{3}$

167a 18

167b $\frac{32}{3}$

168a (1) $\frac{9}{2}$ (2) 9

168b (1) $\frac{4}{3}$ (2) 9

練習28 (1) $\frac{4}{3}$

(2) 36

(3) 108

練習29 (1) $\frac{17}{2}$

(2) 1

練習30 (1) $y=x-1$

(2) B$(-1,\ -2)$

(3) $\frac{4}{3}$

練習31 (1) $f(x)=3x^2-6x+4$

(2) $f(x)=-2x-\frac{4}{3}$

新課程版　スタディ数学 II

2023年1月10日　初版　　第1刷発行

編　者　第一学習社編集部

発行者　松　本　洋　介

発行所　株式会社 第一学習社

広島：広島市西区横川新町7番14号 〒733-8521 ☎082-234-6800
東京：東京都文京区本駒込5丁目16番7号 〒113-0021 ☎03-5834-2530
大阪：吹田市広芝町8番24号 〒564-0052 ☎06-6380-1391

札　幌☎011-811-1848　仙台☎022-271-5313　新潟☎025-290-6077
つくば☎029-853-1080　東京☎03-5834-2530　横浜☎045-953-6191
名古屋☎052-769-1339　神戸☎078-937-0255　広島☎082-222-8565
福　岡☎092-771-1651

訂正情報配信サイト 26908-01
利用に際しては，一般に，通信料が発生します。

https://dg-w.jp/f/26caa

書籍コード　26908-01

＊落丁，乱丁本はおとりかえいたします。
解答は個人のお求めには応じられません。

ISBN978-4-8040-2690-9

ホームページ　http://www.daiichi-g.co.jp/

常用対数表(1)

数	0	1	2	3	4	5	6	7	8	9
1.0	.0000	.0043	.0086	.0128	.0170	.0212	.0253	.0294	.0334	.0374
1.1	.0414	.0453	.0492	.0531	.0569	.0607	.0645	.0682	.0719	.0755
1.2	.0792	.0828	.0864	.0899	.0934	.0969	.1004	.1038	.1072	.1106
1.3	.1139	.1173	.1206	.1239	.1271	.1303	.1335	.1367	.1399	.1430
1.4	.1461	.1492	.1523	.1553	.1584	.1614	.1644	.1673	.1703	.1732
1.5	.1761	.1790	.1818	.1847	.1875	.1903	.1931	.1959	.1987	.2014
1.6	.2041	.2068	.2095	.2122	.2148	.2175	.2201	.2227	.2253	.2279
1.7	.2304	.2330	.2355	.2380	.2405	.2430	.2455	.2480	.2504	.2529
1.8	.2553	.2577	.2601	.2625	.2648	.2672	.2695	.2718	.2742	.2765
1.9	.2788	.2810	.2833	.2856	.2878	.2900	.2923	.2945	.2967	.2989
2.0	.3010	.3032	.3054	.3075	.3096	.3118	.3139	.3160	.3181	.3201
2.1	.3222	.3243	.3263	.3284	.3304	.3324	.3345	.3365	.3385	.3404
2.2	.3424	.3444	.3464	.3483	.3502	.3522	.3541	.3560	.3579	.3598
2.3	.3617	.3636	.3655	.3674	.3692	.3711	.3729	.3747	.3766	.3784
2.4	.3802	.3820	.3838	.3856	.3874	.3892	.3909	.3927	.3945	.3962
2.5	.3979	.3997	.4014	.4031	.4048	.4065	.4082	.4099	.4116	.4133
2.6	.4150	.4166	.4183	.4200	.4216	.4232	.4249	.4265	.4281	.4298
2.7	.4314	.4330	.4346	.4362	.4378	.4393	.4409	.4425	.4440	.4456
2.8	.4472	.4487	.4502	.4518	.4533	.4548	.4564	.4579	.4594	.4609
2.9	.4624	.4639	.4654	.4669	.4683	.4698	.4713	.4728	.4742	.4757
3.0	.4771	.4786	.4800	.4814	.4829	.4843	.4857	.4871	.4886	.4900
3.1	.4914	.4928	.4942	.4955	.4969	.4983	.4997	.5011	.5024	.5038
3.2	.5051	.5065	.5079	.5092	.5105	.5119	.5132	.5145	.5159	.5172
3.3	.5185	.5198	.5211	.5224	.5237	.5250	.5263	.5276	.5289	.5302
3.4	.5315	.5328	.5340	.5353	.5366	.5378	.5391	.5403	.5416	.5428
3.5	.5441	.5453	.5465	.5478	.5490	.5502	.5514	.5527	.5539	.5551
3.6	.5563	.5575	.5587	.5599	.5611	.5623	.5635	.5647	.5658	.5670
3.7	.5682	.5694	.5705	.5717	.5729	.5740	.5752	.5763	.5775	.5786
3.8	.5798	.5809	.5821	.5832	.5843	.5855	.5866	.5877	.5888	.5899
3.9	.5911	.5922	.5933	.5944	.5955	.5966	.5977	.5988	.5999	.6010
4.0	.6021	.6031	.6042	.6053	.6064	.6075	.6085	.6096	.6107	.6117
4.1	.6128	.6138	.6149	.6160	.6170	.6180	.6191	.6201	.6212	.6222
4.2	.6232	.6243	.6253	.6263	.6274	.6284	.6294	.6304	.6314	.6325
4.3	.6335	.6345	.6355	.6365	.6375	.6385	.6395	.6405	.6415	.6425
4.4	.6435	.6444	.6454	.6464	.6474	.6484	.6493	.6503	.6513	.6522
4.5	.6532	.6542	.6551	.6561	.6571	.6580	.6590	.6599	.6609	.6618
4.6	.6628	.6637	.6646	.6656	.6665	.6675	.6684	.6693	.6702	.6712
4.7	.6721	.6730	.6739	.6749	.6758	.6767	.6776	.6785	.6794	.6803
4.8	.6812	.6821	.6830	.6839	.6848	.6857	.6866	.6875	.6884	.6893
4.9	.6902	.6911	.6920	.6928	.6937	.6946	.6955	.6964	.6972	.6981
5.0	.6990	.6998	.7007	.7016	.7024	.7033	.7042	.7050	.7059	.7067
5.1	.7076	.7084	.7093	.7101	.7110	.7118	.7126	.7135	.7143	.7152
5.2	.7160	.7168	.7177	.7185	.7193	.7202	.7210	.7218	.7226	.7235
5.3	.7243	.7251	.7259	.7267	.7275	.7284	.7292	.7300	.7308	.7316
5.4	.7324	.7332	.7340	.7348	.7356	.7364	.7372	.7380	.7388	.7396